U0162364

跟着电网企业劳模学系列培训教材

支柱绝缘子无损检测技术 及案例分析

国网浙江省电力有限公司　组编

中国电力出版社
CHINA ELECTRIC POWER PRESS

内 容 提 要

本书是"跟着电网企业劳模学系列培训教材"之《支柱绝缘子无损检测技术及案例分析》分册，采用"原理—案例"结构进行编写，根据劳模培训对象所需掌握的专业知识、检测原理、案例分析三个层次进行编排，包括绝缘子的成型技术、无损检测原理及方法、七种不同的典型案例。

本书可供试验检测人员阅读，也可供相关专业技术人员学习参考。

图书在版编目（CIP）数据

支柱绝缘子无损检测技术及案例分析 / 国网浙江省电力有限公司组编 . —北京：中国电力出版社，2020.8

跟着电网企业劳模学系列培训教材

ISBN 978-7-5198-4686-2

Ⅰ . ①支… Ⅱ . ①国… Ⅲ . ①支柱绝缘子－无损检验－技术培训－教材 Ⅳ . ① TM216

中国版本图书馆 CIP 数据核字（2020）第 090831 号

出版发行：中国电力出版社

地　　址：北京市东城区北京站西街 19 号（邮政编码 100005）

网　　址：http://www.cepp.sgcc.com.cn

责任编辑：穆智勇　王蔓莉

责任校对：黄 蓓　马 宁

装帧设计：张俊霞　赵姗姗

责任印制：石 雷

印　　刷：三河市万龙印装有限公司

版　　次：2020 年 8 月第一版

印　　次：2020 年 8 月北京第一次印刷

开　　本：710 毫米 ×980 毫米　16 开本

印　　张：12.5

字　　数：176 千字

印　　数：0001—1500 册

定　　价：50.00 元

丛书序

　　国网浙江省电力有限公司在国家电网公司领导下，以努力超越、追求卓越的企业精神，在建设具有卓越竞争力的世界一流能源互联网企业的征途上砥砺前行。建设一支爱岗敬业、精益专注、创新奉献的员工队伍是实现企业发展目标、践行"人民电业为人民"企业宗旨的必然要求和有力支撑。

　　国网浙江公司为充分发挥公司系统各级劳模在培训方面的示范引领作用，基于劳模工作室和劳模创新团队，设立劳模培训工作站，对全公司的优秀青年骨干进行培训。通过严格管理和不断创新发展，劳模培训取得了丰硕成果，成为国网浙江公司培训的一块品牌。劳模工作室成为传播劳模文化、传承劳模精神，培养电力工匠的主阵地。

　　为了更好地发扬劳模精神，打造精益求精的工匠品质，国网浙江公司将多年劳模培训积累的经验、成果和绝活，进行提炼总结，编制了《跟着电网企业劳模学系列培训教材》。该丛书的出版，将对劳模培训起到规范和促进作用，以期加强员工操作技能培训和提升供电服务水平，树立企业良好的社会形象。丛书主要体现了以下特点：

　　一是专业涵盖全，内容精尖。丛书定位为劳模培训教材，涵盖规划、调度、运检、营销等专业，面向具有一定专业基础的业务骨干人员，内容力求精练、前沿，通过本教材的学习可以迅速提升员工技能水平。

　　二是图文并茂，创新展现方式。丛书图文并茂，以图说为主，结合典型案例，将专业知识穿插在案例分析过程中，深入浅出，生动易学。除传统图文外，创新采用二维码链接相关操作视频或动画，激发读者的阅读兴趣，以达到实际、实用、实效的目的。

　　三是展示劳模绝活，传承劳模精神。"一名劳模就是一本教科书"，丛书对劳模事迹、绝活进行了介绍，使其成为劳模精神传承、工匠精神传播的载体和平台，鼓励广大员工向劳模学习，人人争做劳模。

丛书既可作为劳模培训教材，也可作为新员工强化培训教材或电网企业员工自学教材。由于编者水平所限，不到之处在所难免，欢迎广大读者批评指正！

最后向付出辛勤劳动的编写人员表示衷心的感谢！

丛书编委会

前　言

电网设备无损检测技术是一项重要的检测工作，近年来，国家电网有限公司严把入网设备质量，全面开展输变电工程基建阶段绝缘子检测工作，确保电网、设备安全，成果显著。

变电用绝缘子无损检测技术作为电网无损检测技术工作的一个重要组成部分，贯穿设备制造、安装等全过程。在设备安装阶段发现诸如断路器、隔离开关、电流互感器、电压互感器等含绝缘子设备的缺陷，可以及时阻止缺陷设备入网，在设备检修阶段也可通过无损检测发现绝缘子缺陷，及时对设备进行维修和更换，防患于未然。因此，变电用绝缘子无损检测对整个电网的稳定运行起着至关重要的作用。

本书内容共分四章，系统地介绍了支柱绝缘子成型技术、支柱绝缘子无损检测技术原理、支柱绝缘子无损检测方法和典型案例。

本书由国网浙江省电力有限公司金华供电公司金华送变电工程有限公司组织编写，可供电力系统工程技术人员和管理人员学习及培训使用，也可供其他相关人员学习参考。本书在编写过程中参考了大量文献，在此对原作者表示由衷的感谢，同时也感谢浙江省电力公司电力科学研究院专家们所给予的大力支持！

由于时间仓促，加之编者水平所限，书中疏漏在所难免，恳请广大读者批评指正。

编　者

2020 年 3 月

目　录

丛书序

前言

第一章　支柱绝缘子成型技术 …………………………………………… 1

　第一节　瓷绝缘子 ……………………………………………………… 2

　第二节　复合绝缘子 ………………………………………………… 26

第二章　支柱绝缘子无损检测原理 …………………………………… 49

　第一节　目视检测法原理 …………………………………………… 50

　第二节　超声波检测法原理 ………………………………………… 51

　第三节　磁粉检测法原理 …………………………………………… 68

　第四节　射线检测法原理 …………………………………………… 78

　第五节　声振检测法原理 …………………………………………… 88

　第六节　磁性检测法原理 …………………………………………… 99

第三章　支柱绝缘子无损检测方法 ………………………………… 101

　第一节　目视检测法操作内容 …………………………………… 102

　第二节　超声检测法操作内容 …………………………………… 104

　第三节　磁粉检测法操作内容 …………………………………… 117

　第四节　射线检测法操作内容 …………………………………… 125

　第五节　声振检测操作内容 ……………………………………… 145

　第六节　磁性法检测操作内容 …………………………………… 148

第四章　典型案例 …………………………………………………… 151

　案例一　弱酸腐蚀及机械应力对芯棒玻璃纤维综合作用 ……… 152

　案例二　内部黄芯、疏松或裂纹等缺陷 ………………………… 158

案例三　上、下法兰与瓷质部分连接位置出现瓷瓶裂纹 ················ 165

案例四　端面平行度不符合要求 ·· 170

案例五　瓷套与法兰接合面处应力温差变化引起瓷套开裂 ············ 177

案例六　坯件高温烧成冷却阶段存在残余的集中应力 ················ 182

案例七　原材料比例不合理或浇注工艺不完善 ·························· 186

架起电网"经脉"的专家

——记浙江省劳动模范单卫东

单卫东自 1993 年参加工作以来，长期从事电建施工和管理等方面工作。他主持了金华电网第一个 110kV 智能站施工，取得浙江省劳动模范荣誉称号，是同事口中的"投产专家"，也是一名扎根一线 27 年的电网建设人，他以铁军精神诠释建设电网初心，以实际行动践行奉献社会使命。

践行劳模精神：在电网建设中吃苦奋斗。参加工作以来，单卫东从一名专科毕业生逐渐成长为一名拥有高级职称的技能专家，他的秘诀就是"吃苦是福"。学徒期间，当同进单位的同事嫌累怕苦纷纷辞职时，他主动钻进潮湿的电缆沟敷设电缆，探进狭窄的开关柜拧螺丝，爬上油腻的变压器做试验。他的技术一天天进步，渐渐成为金华电网数一数二的继保专家。由他负责的灵洞变等多个输变电工程获得金华市建筑业最高奖项"双龙杯"、浙江省建筑业最高奖项"钱江杯"和国家电网公司"优质工程"称号，金华城市建设重大工程"八线迁改"项目顺利投运。

即使在成为技术人才以后，单卫东依旧保持奋斗的品性。2017 年他作为代表援建西藏，登上 4450m 雪峰，经常在恶劣的天气条件下工作。经过系列艰难困苦的奋斗，那曲电网有关项目顺利投运，给当地人民带去了光明和希望。

践行时代精神：在电网创新发展中攻关解难。单卫东长年坚持学习，积极开展科技创新活动，取得了丰硕的成果。由他负责的《10kV 配电装置投产试验新方法的研究》《10kV 电容器不平衡测试方法的研究》《提高变压器差动保护调试效率的研究》等多个群众性科技项目取得了良好的经济效益，还取得《一种支柱绝缘子探伤装置》等多项发明、实用新型专利，《提高小电流接地选线装置调试质量》《双柱水平开启式隔离开关安装保护装置的研制》等十多项成果获浙江省电力公司 QC 成果一等奖、全国工程质量学会优秀 QC 成果奖、中国电力建设企业协会 QC 成果二等奖。

践行示范精神：在电网人才培育中授业传道。单卫东知道，一个人的力量是有限的，因此他多次作为外聘教师赴浙西技校授课，学生范围涵盖全省。在 2011 年，他创建了"单卫东劳模创新工作室"，工作室成为职工开展技术攻关、技术改造、技术协作等活动的平台。由他带领的创新工作室充分发挥内部技术能手及先进骨干引领作用，通过团队协作攻关克难，有效解决了一个又一个现场生产管理中的实际问题。工作室连续三年被金华供电公司评为优秀工作室一等奖，工作室多名成员分别获得浙江省电力公司劳动模范、技术专家等荣誉称号。

第一章

支柱绝缘子
成型技术

支柱绝缘子通常由硅胶或陶瓷制成，早年间多用于电线杆，慢慢发展成为应用于高压导线支撑连接的绝缘体。绝缘子在架空输电线路中起着支撑导线和防止电流回地的作用。绝缘子若由于环境和电负荷条件发生变化会导致绝缘失效，进而损害整条线路的使用和运行寿命。

第一节 瓷 绝 缘 子

支柱瓷绝缘子作为电网构支架的重要组成元件，主要起电气绝缘和机械支持的作用。它在电网工程中使用数量极大，且其质量好坏存在很大的分散性。相关数据表明，瓷绝缘子断裂故障是威胁电网安全运行的重要因素之一。因此，从运行管理的角度而言，让一线运维人员了解一定的瓷绝缘子成型技术对于设备管理大有裨益。

支柱瓷绝缘子一般由绝缘体、金属附件及胶合剂三部分组成。绝缘体主要起绝缘、支撑、保护作用，其材料主要由电瓷构成。金属附件一般用铸铁、铝及合金等制成，起机械固定、连接导体（如套管内导体）作用。胶合体的作用是将绝缘体和金属附件胶合起来。

绝缘体是由黏土、长石、石英（或铝氧原料）等铝硅酸盐原料混合配制，经过加工成一定形状，在较高温度下烧成得到的无机绝缘材料，并在表面覆盖一层玻璃质的平滑薄层釉。变电站用绝缘子一般为实心棒形支柱绝缘子，采用单柱式结构。

一、电瓷分类

电工陶瓷简称电瓷，它属于电力工业的重要基础器件，也是国民经济的基础产业。

广义而言，电瓷涵盖了各种电工用陶瓷制品，包括绝缘用陶瓷、半导体陶瓷等。本书所述电瓷仅指以铝矾土或工业氧化铝、黏土、长石等天然矿物为主要原料经高温烧制而成的应用于电力工业系统的瓷绝缘子，包括各种线路绝缘子和变电站用绝缘子，以及其他带电体隔离或支持用的绝缘部件。

陶瓷的结合键是强固的离子键和共价键。陶瓷材料的生产制造过程一般经过原料的粉碎配制、成型和烧结等过程，其显微组织由晶体相、玻璃相和气相组成，而且各相的相对量相差很大，分布也不均匀。瓷绝缘子一旦烧制成型，其显微组织无法通过冷热加工改变。因此，瓷绝缘子的优点是熔点高、强度高、硬度高、化学稳定性强、耐高温、耐磨损、耐氧化、耐腐蚀、绝缘性好，同时重量轻、弹性模量大。

瓷绝缘子主要应用于电力系统中各种电压等级的输电线路、变电站、电气设备，如用于高压线路耐张或悬垂的盘形悬式绝缘子和长棒形绝缘子，用于变电站母线或设备支持的棒形支柱绝缘子（见图1-1），用于变压器套管、开关设备、电容器或互感器的空心绝缘子，还可应用于其他的一些特殊行业，如在轨道交通的电力系统中，瓷绝缘子将不同电位的导体或部件连接并起绝缘和支持作用。

图 1-1 典型变电站用瓷绝缘子

瓷绝缘子通常根据产品形状、电压等级、使用特点和使用环境来分类。

按产品形状可分为盘形悬式绝缘子、针式绝缘子、棒形绝缘子、空心绝缘子等。

按电压等级可分为低电压（交流 1000V 及以下，直流 1500V 及以下）

绝缘子和高电压（交流 1000V 以上，直流 1500V 以上）绝缘子，其中高压绝缘子中又有超高压（交流 330kV、500kV 和 750kV，直流 500kV）和特高压（交流 1000kV，直流 800kV）之分。

按使用特点可分为线路用绝缘子、电站或电器用绝缘子。

按使用环境可分为户内绝缘子和户外绝缘子。

二、瓷绝缘子结构

瓷绝缘子作为电网中的基础元器件，主要由瓷件、金属部件和胶合剂组成。在某些特殊的工况下，尤其是在重污染地区，部分瓷绝缘子涂有防污闪涂料。

1. 瓷绝缘子组成

支柱瓷绝缘子主要由瓷件本体（见图 1-2）、金属附件（法兰）、胶合剂等组成，其中瓷件本体按结构又分为 A 型瓷绝缘子（棒型）和 B 型瓷绝缘子（瓷套），它主要起支撑和绝缘作用；金属附件（法兰）起连接安装作用；胶合剂主要起粘合本体和金属附件（法兰）作用，在瓷件和法兰胶装处也起封堵作用。

图 1-2　瓷件本体结构

瓷件经烧制成型后，通过水泥等胶合剂经一定的压力与法兰粘合最终形成。在运行中，瓷绝缘子作为绝缘元件主要起支撑导电体的作用，承受一定的压应力。总体而言，大部分作为固定支撑用的瓷绝缘子都能得到一个相对较好的力平衡环境。图 1-3 为瓷件本体和金属附件。

(a)　　　　　　　　　　　　(b)

图 1-3　瓷件本体和金属附件

（a）瓷件本体；（b）金属附件

　　陶瓷材料一般呈多晶状态，而多晶体比单晶体更不容易滑移。因为在多晶体中，晶粒取向混乱，对个别晶粒的某个滑移系与滑移方处于有利位置，由于受到周围晶粒和晶界的制约，也使得滑移难以进行。在晶界处，位错塞积引起的应力集中导致的微裂纹也限制了塑性变形的继续进行。因此陶瓷材料不仅不易产生位错，即使产生位错其运动也非常困难，其导致塑性很差，常表现为脆性断裂。

　　对于支柱式瓷绝缘子来说，大量的位错运动受阻塞积致使局部产生应力集中。这个应力集中如果能够被形变过程所松弛，则断裂过程被抑制，变形得以继续进行而不会发生断裂；反之，应力集中如果被裂纹的发生与扩展过程所松弛，则材料发生断裂。

陶瓷材料的断裂过程都是以内部或表面存在的缺陷为起点而发生的。解理断裂是陶瓷材料的主要断裂机理，而且很容易从穿晶解理转变成沿晶断裂。陶瓷材料的断裂是以各种缺陷为裂纹源，在一定的拉伸应力作用下，其最薄弱环节处的微小裂纹扩展，当裂纹尺寸达到临界值时瞬时断裂。

在隔离、接地及开关中用的支柱瓷绝缘子，受制造缺陷、形位公差、安装偏差、力矩变化、使用环境等因素的影响，在操作过程中比较容易发生断裂故障，包括折断、开裂、伞裙脱落等时有发生。这些故障对电网的运行安全和运行、检修人员的人身安全构成了严重的威胁。

运行经验表明，绝大部分的支柱瓷绝缘子断裂故障发生在法兰和瓷件连接部位，俗称"颈部"。多数支柱瓷绝缘子的断裂部位在法兰胶装面，这一般是由于支柱瓷绝缘子胶装水泥使用不合适、沥青缓冲层过薄或没有、上砂工艺不良以及胶装面密封处理不良等，在外部环境的影响下，容易出现端部局部应力集中，并导致瓷材料产生微观裂纹，最终导致故障的发生。若支柱瓷绝缘子制造质量不稳定，一些存在质量缺陷的支柱瓷绝缘子投入电网运行，就埋下故障隐患。

隔离、接地开关作为电网的构支架组成部分，在理想状态下，力是柔性且平稳传递的。但从瓷绝缘子的结构来讲，该部位随着截面积的突变，且受法兰的刚性约束，力在传输过程中容易形成应力集中，"颈部"部位结构特性决定了其是整个构支架或者说，瓷绝缘子本身的薄弱位置。瓷绝缘子生产制造、安装调试中，不可避免带有缺陷，如瓷体内部的空隙，端部位置和伞裙中的裂纹；端面平行度、轴线直线度形位公差，安装配合公差等。这些缺陷在长期运行状态下，受传动部件活动关节的卡涩引起的力矩变化等因素影响，将会引起瓷绝缘子的断裂故障发生。

瓷支柱绝缘子的显微组织由晶体相、玻璃相和气相组成，晶体相是陶瓷中的主要成相，它往往决定陶瓷的物理性能、化学性能。在制造绝缘子的过程中，由于不同种材料的膨胀系数不同，在应力作用下的结晶粒子遭受着明显的拉伸应力的作用，这种应力出现在瓷制品煅烧后的冷却情况下。

结晶粒子、玻璃状基体和它们的边界上可能产生出微裂纹，因此有些绝缘子在出厂时就存在微裂纹等瑕疵。

统计表明，断裂故障支柱瓷绝缘子绝大部分的电压等级为 110kV 和 220kV，其中 220kV 电压等级支柱瓷绝缘子断裂故障占绝对多数。而在运的 330kV 及以上电压等级支柱瓷绝缘子较少发生断裂故障。目前，330kV 及以上电压等级的支柱瓷绝缘子的生产多采用等静压法（即干法）工艺，220kV 及以下电压等级支柱瓷绝缘子的生产则多采用湿法生产工艺。湿法生产工艺的生产周期长，工艺流程多，质量控制难度较大，产品性能具有明显的分散性。

在多雨且温差变化较大的地区，尤其是沿海地带，瓷绝缘子在长期运行中，其胶合剂有劣化的趋势，特别是水泥和法兰侧壁部位容易形成空隙，瓷件和法兰胶装部位进水，在温差变化状态下，进水遇冷结冰后发生膨胀，在某些特殊的结构下产生极大的应力。如 T 型布置的断路器开关瓷套中受法兰的刚性约束无处释放，在瓷体和胶装界限处形成新的力场，在某些工况下，如导线舞动的作用下会使绝缘子发生断裂故障。因此，在这些位置应做好支柱瓷绝缘子的防水胶处理工作，防止水进入瓷体和胶装集合部位。

若一线检测、运行、检修等技术人员对瓷绝缘子的组成结构有一定的了解，可有针对性地对其进行相应的检测，以便及时发现瓷绝缘子的缺陷，从而消除隐患，最大限度地减少支柱瓷绝缘子断裂故障的发生。

2. 防污闪涂料

在恶劣气象条件下（如雾、露、雨等），沿着潮湿的绝缘子表面会发生闪络，造成电力系统污闪事故。电力系统户外设备电瓷表面的自然积污现象是不可避免的，随着我国国民经济的发展，大气污染日趋严重，各地污染源不断增多，盐密值范围逐年增高。反之，瓷绝缘配置普遍偏低，线路逐年增加，防污闪专业人员偏少，再考虑到过电压运行及多变的气候、鸟害等因素，污闪的可能性越来越大，给运行维护提出了更高的要求。20 世纪 90 年代发生在华北、华东、华中等地区的大面积污闪事故，造成了电力系统的局部停电问题。污闪威胁着电力系统的安全稳定运行，轻者影响局部供电，重者会使整个电网解列。

近年来，随着技术的发展，防污闪涂料因其优良的憎水性在电力系统得到了大量的应用。涂料的憎水性和憎水的迁移性是显著提高污闪电压等级的关键。涂料涂敷在电瓷表面，固化后形成一层胶膜。该胶膜在洁净条件下有优良的憎水性，当胶膜表层被污秽覆盖后，胶膜内的小分子憎水基团能很快地窜过污秽层，迁移到污秽层表面，使污秽层表面也具有优异的憎水性。这样，在雾、露、雨等潮湿气候条件下，污秽层表面很难湿润，若长时间使污秽层湿润后，污秽层表面也不会形成水流和水膜，而是以众多不连续的小水珠独立存在，从而大大扼制了泄漏电流的产生，显著提高了绝缘子的污闪电压。

防污闪涂料也称室温硫化硅橡胶，主要有室温硫化硅橡胶（Room Tempreture Silicone Rubber，RTV）防污闪涂料、电力设备外绝缘用持久性就地成型（Perman ent Room Tempreture Vulcanized，PRTV）防污闪复合涂料两种，用于电力系统绝缘子或电气设备外绝缘的防污闪工作。RTV防污闪涂料有长效、免维护等突出特点，作为一种新材料自 2000 年以来在国内得到快速发展和广泛应用；PRTV 防污闪涂料也称长效防污闪涂料，其憎水性、电气性能、物理机械性能等各项指标均优于 RTV 防污闪涂料，效果图如图 1-4 所示。

图 1-4　瓷绝缘子涂装防污闪涂料效果图

电力设备外绝缘用持久就地成型防污闪复合涂料如图 1-5 所示，具有以下性能特点：

（1）大幅度提高了电力输变电设备外绝缘污闪电压，污闪电压可提高到 200％以上，能有力保障电力设备的运行安全。

（2）涂料的电气性能、力学性能优异，憎水性及憎水性迁移性强，附着力强，使用寿命长。

（3）涂料为单组分，使用时不需要现场进行调配，密封包装开启后即可直接喷、涂于电力外绝缘设备的表面，与空气中的水分子接触后固化成膜，保证质量，减少浪费，施工简单。

（4）涂料可燃性指标不低于 FV—1 级，且燃烧后残留物不导电，对设备运行不留安全隐患。

（5）在设备正常使用情况下，喷、涂防污闪涂料后的电力外绝缘设备可以免清扫维护，节约大量的人力、物力投入。有数据表明，涂装防污闪涂料后免清扫维护时限可达 10 年。

图 1-5　某特高压 1000kV 变电站涂装防污闪涂料外观

在我国，RTV 涂料经历了由多组分、双组分、单组分的发展过程，经多年挂网运行，单组分 RTV 长效防污闪涂料、单组分 PRTV 超长效防污闪涂料产品质量优异，在全国十几个省市得到了应用，有近十年的成功运行经验。

但是，RTV、PRTV 涂料虽然有其优良的特性及运行基础，然而它在运行中容易受自然环境的影响，尤其是在高湿、强降雨、强紫外光等状态下，劣化有加速发展的趋势，其表面特征是褪色、起皮和脱落。研究还发现，RTV、PRTV 涂层在强紫外光照射条件下，憎水性下降与光照强度成正比，即光照越强，憎水性下降越严重；随着憎水性的下降，耐污闪能力也下降明显。

因此，对于涂有 RTV、PRTV 涂层的支柱瓷绝缘子应结合检修周期，开展宏观检测，对有起皮、脱落（见图 1-6）的部位进行修补工作，必要时，也需进行对其表面进行清垢工作。

图 1-6 防污闪涂料特层起皮、脱落

三、电瓷材料

电瓷材料主要包含了原料的组成、瓷釉和胶合剂等。电瓷原料的好坏决定了瓷件的品质，不同的电瓷厂配方不尽相同，但广泛意义上的电瓷都是由石英、长石和黏土焙烧而成。

1. 原料的组成

电瓷作为陶瓷工业的一种，是将黏土或与黏土类似的无机物质做成可塑性状态，干燥后在足够高的温度下熔融并烧结成玻璃相。瓷的内部是结晶相、少量气孔和不均匀玻璃相构成的复合体。瓷的理化特性主要由构成其微观结构组织的结晶相及玻璃相的种类和数量来决定。组成瓷绝缘子的颗粒大小的数量级为微米级。颗粒的大小决定了瓷的基本性质，颗粒细腻，则相互间结合力强，形成的瓷质均匀，机械强度高，性能稳定。但是，颗粒细腻意味着干燥、成型和烧结等制造技术的难度加大。

一般绝缘子用瓷可以分为长石质（硅质瓷）、普通瓷、氧化铝瓷等。

（1）普通瓷。长石质普通瓷是以硅石、长石、黏土为原料的瓷，其典型的坯料结合比为硅石 15%～40%，长石 20%～40%，黏土 40%～60%。烧成温度约为 1200℃，烧成后的瓷成分以 10%～20% 的石英与 10%～20% 的莫来石结晶相存在，其余为不均匀的玻璃相。在结晶中，石英是作为原料而配合的硅石，其一部分熔解而残留下来，莫来石为黏土与长石在高温反应下生成的物，坯料的颗粒成型良好，但机械强度低，试片的上釉弯曲强度为 60～100MPa。这种类型的绝缘子因价格比较便宜、制作也较容易，现在仍广泛地应用于不需要高强度的绝缘子和瓷套中。

（2）铝制瓷。铝制瓷是以改善长石质普通瓷的机械强度为目的而开发的高强度瓷。原料中用 10%～40% 的氧化铝代替硅石，烧成后的瓷件中以含 10%～40% 的氧化铝结晶为特征。氧化铝以外的结晶相为 8%～20% 的莫来石与 10% 以下的石英。这种瓷的机械强度比长石质普通瓷高，其原因是氧化铝结晶所具有的高弹性系数（纵向弹性系数）与固有强度强化了玻璃质基体，同时减少了在长石质普通瓷中所见到的导致强度降低的粗石英颗粒比例。因而含氧化铝量较多，石英越少，强度越高，试片的上釉弯曲强度可达到 120～170MPa。然而，坯料的成本较普通坯料高，并且密度大。若不改变绝缘子形状，则会增加制成品的重量。采用长石质普通瓷的欧美各国，将此种含氧化铝瓷作为高强度瓷普及应用，日本为了进一步提高输变电用绝缘子可靠性，开发了几种含氧化铝瓷，应用于高压棒形支柱绝缘子。

（3）方石英瓷。方石英瓷是日本特有的，是以在瓷中含有 15%～40% 方石英结晶为特征的高强度瓷。除方石英外，其余结晶为 20%～25% 的莫来石与 3%～15% 石英。试片的上釉弯曲强度高于 100～140MPa，接近含氧化铝瓷的强度。这种方石英瓷具有高强度的原因是：

1）由于玻璃相中存在的高膨胀系数的方石英微晶与周围玻璃相的热膨胀差而产生的微观压缩应力效应（方石英结晶的颗粒很细，承受压缩应力，而颗粒较大的石英承受拉伸应力作用，使强度降低）。

2）在玻璃相中分散的微细结晶可以阻止微观缺陷的增长。

3）能在瓷中生成方石英定向排列。

4）激活坯料的高热膨胀的压缩釉，有使强度提高的效果。

方石英结晶是由陶石质原料中所含的微细石英在烧成过程中变化而生成的。这种瓷具有与氧化铝瓷相当的强度，成形性也良好，烧成时玻化范围宽，壁厚的绝缘子也具有使其内部玻化致密等特征，但反之也存在热膨胀系数大，在200℃附近由于方石英所具有的热膨胀拐点，对于抗异常的热冲击能力要比其他瓷类低一点等缺点。特别是实心绝缘子，是使方石英瓷的优点得以最大限度利用的一种绝缘子。即使具有最大杆径达210mm和壁厚的绝缘子也能致密的玻化，其抗外力的性能极高。

瓷是一种脆性材料，它的抗压强度比抗拉强度大得多。普通上釉电瓷样的抗压强度达50kN/cm^2，抗弯强度也不低于8kN/cm^2，但抗拉强度却只约3kN/cm^2。不上釉的瓷，表面粗糙，容易开裂，机械强度要低10％～20％。瓷件的截面积增加，机械强度会降低。电瓷的机械强度与其受力情况以及结构形状即附件的结构和组装方法有很大关系。为了使电瓷具有较高的机械强度，设计时应尽可能使瓷受压应力。

2. 瓷釉

不上釉的瓷，表面粗糙，容易开裂，若表面有微细的裂纹存在，会产生局部的应力集中，使机械强度进一步下降。因此，瓷绝缘子的瓷件表面通常以瓷釉覆盖，以提高其机械强度，防水浸润，增加表面光滑度。因为釉本身的强度不高，所以为防止釉层本身可能成为破裂的开始，选择釉的热膨胀系数比瓷坯的要低，利用瓷在烧成和冷却过程中瓷坯与釉的收缩差使之产生压缩应力，以增强压缩的强度。

压缩釉和瓷坯能否适当配合对瓷的强度会产生很大的影响，最适宜的压缩应力因瓷坯而异，瓷坯的固有强度越大，应预先施加的最适当压缩应力也必须大。瓷釉中内应力的大小，与釉在冷却过程中在固化温度（650～700℃）时的瓷坯与釉的热膨胀系数差、釉的弹性系数的乘积成正比。瓷釉外观如图 1-7 所示。

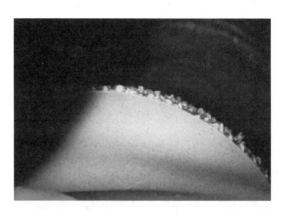

图 1-7　瓷釉外观

3. 胶合剂

胶合剂作为绝缘子的连接材料主要是将瓷件和附件胶合在一起。胶合剂一般有水泥胶合剂、硫黄石墨胶合剂和铅锑合金胶合剂三种。硫黄石墨胶合剂具有机械强度高、延伸性好、硬化快和耐气候老化、性能稳定等特点，但是它在使用过程中会产生刺激性气味的气体，使作业劳动条件变差。其长期允许运行温度在 80℃ 以下，在户外潮湿条件下生成的硫酸会腐蚀铁附件（因此贴附件应热镀锌）。此种胶合剂通常用于额定电流小的套管、户内绝缘子以及非污秽地区的户外场所。铅锑合金胶合剂具有机械强度高、延伸性好、硬化快、运行温度高和耐气候老化、性能稳定的特点，胶装时需加热到 350～400℃，绝缘子部件也要预热，且造价高，主要用在线路长棒形瓷绝缘子以及尺寸较小的绝缘子。

胶装水泥是最常用的胶合剂，一般是以 42.5R 及以上硅酸盐水泥与石英砂及水按一定比例配置而成，其胶装机械强度高、运行温度高，几乎不会受腐蚀影响；其硬化工艺时间比较长，伸长性较差，有体积膨胀和收缩变干现象，能渗油和渗水。为了减小因水泥和瓷件热膨胀系数不同而产生的内应力，在附件及瓷件胶装面刷沥青作缓冲层。常在瓷件表面粘接瓷砂，以增加瓷件与水泥胶合剂的结合强度。现在很多电瓷产品，特别是大型瓷套都用卡装方法与附件固定，它完全避免了内应力，组装工艺时间也可缩短。水泥胶合剂几乎可以用于所有的绝缘子（有机绝缘子除外）。

四、瓷绝缘子成型技术

电瓷的制作一般经过选料、制胚、修胚、喷砂、上釉、烧制、法兰胶装和成品修饰等工序，尤其是在制胚、修胚过程中，刀具的损坏等因素可能会带来瓷件的裂纹缺陷。

1. 原料的加工

泥料（见图 1-8）制备是电瓷生产中第一道工序，也是最重要的工序，在这里必须做到配料准确，料、水、研磨体配比合理，泥浆及泥浆水分含量以及料方的颗粒细度、铁杂质必须符合工艺要求。

首先剔除如黄沙、煤炭、草根、树皮及表面有铁锈的原料等杂质，然后对一些硬质原料必须经过粗碎、中碎工序，当黏土为硬质黏土时，也必须经过粗碎、中碎等环节，目前我国很多厂家的进场原料为粉料，则省去这道工序。

图 1-8　泥料

将粉料或水化性能很好的黏土按料方要求进行称量配比，然后装入球磨机进入下一道工序——球磨。

球磨（见图 1-9）是为了保证料浆细度和颗粒级配，同时使各种原料均匀混合。一般对不同的料方（如普通料、中强度料、高强度料等），球磨细度要求不一，一般 250 目筛筛余 1.2%～2.2%。

图 1-9　球磨

当球磨机运行时，球磨机回转筒按一定的角速度旋转运行，球磨机内的研磨体由于离心力的作用贴紧筒内壁上升，在一定高度下，由于重力作用而落下并撞击物料达到球磨的目的。泥料制备车间如图 1-10 所示。

图 1-10　泥料制备车间

经球磨机球磨后的泥浆由于输送过程中会混入一定量的杂质，另外，有些原料中的杂质本身无磁性，这些都可以通过过筛工序将其剔除。同时，坯釉料在这道工序混入的机械铁质也可以通过过筛而得到部分剔除。因此，在一般情况下，筛网密度大一些为宜，但太大会影响过筛的效率，所以不同厂家可根据实际情况分几道过筛工序进行过筛。铁杂质除了对瓷的白度及釉面影响外，对瓷的其他性能也有影响，随着铁含量的增加，烧成温度范围变窄，电击穿性能、机械抗弯强度、冷热性能等都有明显下降。因此，生产厂家在工序设计上将过筛和除铁放在一起，通常过筛后的泥浆立即除铁，过筛设备和除铁设备紧密相连。目前，除铁的方法为电磁除铁器和永久磁铁除铁器。

为了达到挤制成毛坯的要求，首先要将合格的泥浆进行脱水处理，也就是榨泥。榨泥的过程就是合格泥浆经榨泥机后形成合格泥饼，以便于真空练泥。

榨泥时，泥浆泵将合格泥浆通过榨泥机的进浆管注入榨泥机内，在送浆压力 1.5～2.0MPa 的作用下，泥浆水分经滤布流动，而浆料附着在滤布上，形成泥饼。

（1）真空练泥。真空练泥（见图 1-11）的目的就是为后一道工序成型提供具有一定强度、含水量较低的泥段毛坯，其分为棒形支柱泥段及电瓷瓷套泥段两种。一般棒形支柱泥段是圆柱形实心体，而电瓷瓷套泥段为圆柱形空心体。

图 1-11 练泥

（2）真空练泥机的工作原理。真空练泥机的工作原理，简单地说就是泥饼经过加料螺旋破碎、搅拌输送后，通过栅板成为较小的泥条进入真空室，在真空室内，泥料中的空气被大量抽走，真空处理后的泥料在挤出螺旋的挤压下通过机头和出口，然后根据产品的尺寸进行切割，从而得到所需要的空心或实心的泥段毛坯。

（3）真空练泥的作用。

1）提高泥料的可塑性能。泥料在通过真空练泥机挤制成泥段毛坯的过程中，由真空泵设备抽出泥料中的气体，提高了泥料的可塑性能。真空练泥的真空度一般不低于95％当地标准大气压（当温度高于30℃时，真空度不低于当地大气压的94％）。

2）提高产品的瓷质性能及合格率。泥料通过真空练泥机螺旋对泥料的揉练和挤压作用，使泥料的均匀性和致密度都得到了提高，在产品烧结成瓷后提高了瓷质质量。同时，设备的揉练和挤压改善了泥料的收缩率，减小了在干燥和烧结过程中的坯件变形和开裂的概率，提高了产品坯件和成品的合格率。

真空练泥后要进行阴干。阴干（见图 1-12）的目的就是将真空练泥后挤制的泥段毛坯放在一定场地以自然（或通过电加热）方式进一步阴干硬化，以达到下一道工序修坯，所需要的合格泥段毛坯。泥段毛坯中水分进一步散发使泥料的可塑性进一步提高，同时瓷件的胚体强度也得到了提高，不至于在修坯时发生变形，一般阴干水分控制在 15％～18％之间。

图 1-12　阴干

由于冬季厂房环境温度低，毛坯自然阴干时间长。为了缩短毛坯阴干的时间，许多厂家使用毛坯电阴干控制系统，通过设置升电压或电流速度自动控制，一般不需要人工翻动毛坯。在冬季电阴干效果显著，通过可缩短阴干时间 40%～50%，使毛坯水分内外散发更加均匀。

2. 铁附件

支柱瓷绝缘子铁附件主要包括法兰及其连接件。法兰多采用铸铁材质铸造一体成型技术，根据使用环境及要求不同，也有采用不锈钢、铸铝等材质的；连接件一般采用热浸热镀锌高强度紧固件，在重污染地区也有采用不锈钢材质的。

瓷绝缘子的法兰作为瓷件本体和构架（或地基）及导电部分的连接件，主要起支撑作用，同时法兰的内部需要灌装水泥等胶合剂，因此需要其具有一定的强度和塑性。一般采用铸造一体成型技术，即将金属液体倒入所用规格的法兰模具中冷却成型，静置放养一定时间后进行加工处理，对其端部按图纸要求在车床上行进行精加工作业。待尺寸加工完毕后，铸铁法兰需要进行热镀锌处理，一般要求其镀层厚度达到 80μm，其他类法兰则不需进行该工艺。随着电网建设技术要求的提高，法兰在保持强度和塑性不变的前提下，其轻便化研究也得到了深入的开展。

高强度紧固件一般采用 45 号钢切削而成，然后采用攻丝或板牙加工其内、外螺纹，最后进行镀锌处理，一般要求其镀层厚度达到 80μm。按DL/T 284—2012《输电线路杆塔及电力金具用热浸镀锌螺栓与螺母》标准，要求其螺母采用先镀锌后攻丝工艺。

3. 瓷件成型

将阴干后的泥段毛坯按照产品坯件图纸的要求，通过一系列的修坯工序后，形成具有一定机械强度及符合图纸要求的几何形状的坯件，这个过程就是成型，包括湿法成型和干法成型。

（1）湿法成型。对于 110kV 及以上棒形支柱绝缘子及套管，湿法成型可分为横修和立修。目前，大部分采用立修。

1）横修。横修车床修坯多用于瓷套修坯（见图 1-13），它采用半自动车床，用多刀多刃切削，先将泥段毛坯用车坯铁芯穿上，然后横向固定在修坯车床上，毛坯随主轴转动，而样板刀随刀背做横向运动，走完样板刀后，就完成符合图纸的几何图形的修坯。通过手修刀完成伞沿等部分的修理，抿坯后卸车，完成整个修坯程序。

图 1-13 修胚

2）立修。立修和横修区别不大，也是采用样板刀修坯，目前大都采用单双工位数控修坯机修坯，既减轻了劳动强度；又大幅度降低了人为因素对产品质量的影响，而且双工位数控修坯机大幅提高了工作效率，其过程为：①技术人员根据产品修坯图纸将相关参数（如半径、伞径、高度、伞距、进刀尺寸、旋转速度等）按要求编制成一定的工艺程序；②将程序按步骤输入在数控修坯机内；③将毛坯泥段固定在数控修坯机上，由固定在刀架上的不同正反刀具在对刀后自上而下地经过车削——修坯成型；④有的部分如伞沿等再用手修刀处理，通过多遍的抿坯完成修坯工序。

（2）干法成型。干法成型主要为等静压干法。等静压成型可分为 3 个部分：①粉料的制备。泥浆通过喷雾干燥后进行收集。②毛坯压制。首先将干粉料通过等静压机的加料口加入成型模中，粉料在加料过程中通过振动装置的振动，充分地填充在模具中，然后通过液压装置进行压制。压制过程可分为升压、保压、卸压 3 个阶段。卸压时充分掌握好卸压速度，否则会造成毛坯开裂。③修坯。这种修坯方式与湿法修坯相比，坯体尺寸容易掌握，也比较准确，避免了湿法修坯后干燥阶段坯体失水后收缩造成的尺寸误差。

干法修坯机目前采用数控修坯方法，与湿法不同的是修坯刀不同。干法修坯刀具所受的切削阻力增大，因此对刀具的强度、刚性及耐磨性有较高的要求，刀刃一般采用刚玉、氧化锆、氧化硅原料制作。

（3）上釉。釉是覆盖在电瓷上表面一层的玻璃态物质，一般厚度为0.2~0.3mm。釉对电瓷的机械性能影响很大，一般情况下可将电瓷的机械强度提高 10%~30%，且釉的绝缘性能极佳，还具有良好的耐电弧性能。

1）上釉方法。上釉的方法基本有浸釉法、喷釉法、淋釉法等。浸釉法又可分为立式浸釉法和卧式浸釉法，浸釉时坯件全部浸入釉浆池中，同时釉浆不断搅拌，一般可从釉浆池底部用压缩空气进行搅拌。喷釉法是用喷枪以压缩空气将釉浆喷散成雾状，喷在坯件上（见图 1-14）。喷釉法的优点是釉层均匀，但喷釉效率比较低。淋釉法是将坯件固定在上釉机上，并不停地沿轴线做圆周运动，而釉料出口沿坯件径向运动，釉浆从坯件上方淋洒在坯件上，坯件下方用一个槽型物体盛多余的釉浆。

图 1-14　上釉

2）釉浆浓度的控制。釉浆不能过稀，以免造成脱釉、花釉或吸釉现象；而釉浆浓度过大时，釉层不易均匀，易产生堆釉或缺釉现象。一般釉浆的密度为 1.60~1.85g/cm²，另外，釉料细度一般为 240 目筛，筛余为

0.03%～0.05%。若釉料过细，釉层不易干燥，收缩性大，易开裂，釉料太粗时，则烧成后釉面不光滑。

（4）上砂。上砂的目的是使瓷件和金属附件在胶装时能更好地牢固接触在一起。一般上砂用的釉浆与上釉用的釉浆相同，并且上砂一般与上釉连接在一起，在上釉机上运行。上砂一般用瓷砂，瓷砂是将废瓷破碎后过筛或通过坯料制备而得，如图 1-15 所示。

图 1-15　上砂

（5）烧成。烧成是电瓷生产工艺中很重要的工序，影响烧成质量的原因很多，如温度、湿度、燃料、窑炉、窑具、助燃空气、窑压等，稍有不慎就会造成烧后质量下降，甚至烧成合格率极低等问题，致使前面的工序前功尽弃。目前，随着自控水平的不断提高及控制模式的多样化，烧后质量也在不断提高。在国内，大型棒形绝缘支柱及瓷套几乎都采用高速等温喷嘴抽屉窑烧成。集散控制系统、可编程序控制器及变频技术等应用，使窑炉在温度控制、气氛控制及窑压控制等方面实现了全过程自动控制，降低了人为因素的影响，大幅提高了烧成合格率，同时在控制方面采用多重冗余控制系统，充分保证了窑炉在烧成过程中因故障造成停窑的可能性，变频技术的应用，既降低了风机的噪声干扰，优化了环境，又节约电能30%～40%，高速等温烧嘴的应用及空气比燃的自动控制，大幅降低了能耗。

燃料在烧成过程中是影响烧成质量的重要因素。燃料一般可分为固体、液体和气体燃料。随着炉窑技术及控制技术的不断提高及大中产品数量不断增加，固体（如煤）、液体（如重油原油）等燃料应用越来越少，逐步被气态燃料所替代，因为固态或液态燃料杂质含量较多，影响烧成质量，且会也造成管道、阀门及控制执行机构堵塞，对环境造成污染。可燃性气体一般有 H_2、CO、H_2S、CH_4 等。不可燃气体有 N_2、O_2、CO_2 及水蒸气等。目前电瓷行业比较广泛使用的气体燃料：发生炉煤气、焦炉煤气及天然气。随着西气东输工程的实施，全国许多地方都通上了热值高、清洁的天然气，这也为电瓷窑炉烧成提供了燃料保障，同时有利于窑炉自动化控制的实现。

　　4. 电瓷坯体在烧成过程中的物理变化

　　(1) 体积的变化。从常温至 300℃ 左右，由于坯体水分的蒸发，坯体的体积将缩小；当温度达到 580℃ 左右时，由于石英的转化而造成坯体体积突变；达到 980℃ 左右时，体积收缩达到最大，烧成过程中时间相对要长，一般为 72h 左右，占整个烧成时间的 2/3。

　　(2) 质量的变化。由于坯体的水分在小火阶段不断蒸发，中火阶段有机物氧化分解，引起坯体质量也在不断变化。

　　(3) 硬度及硬度的变化。在小火阶段，坯体的强度略有增加，在900℃以后坯体强度会不断增加，且由于形成长石——石英玻璃及莫来石晶体，使坯体的硬度逐渐提高。另外，还有气孔率及颜色的变化，在此不再赘述。

　　(4) 烧成各阶段的划分及变化。电瓷烧成，从坯体进入窑炉，从常温直到最后冷却结束是连续不断的，但为了研究方便，根据烧成过程中不同阶段的特点可划分为以下 6 个阶段。

　　1) 低温烧成阶段。低温烧成阶段室温约 300℃，这个阶段根据坯体大小不同，所用时间及升温曲线均不相同，实心棒形绝缘支柱和空心瓷套也有区别。这个阶段主要是排出水分：①自由水，也就是加入泥料中存在坯体中的水分，大部分自由水在这个阶段将被除去；②坯体在空气中的吸附水，根据现场温/湿度及干燥程度，坯体放置时间的不同，吸附水含量也有区别；③结晶水，就是原料中以化学结合状态存在的水，这些水在一定温度下才能被分解，且温度范围比较广，一般在 150～700℃。

2）氧化阶段。氧化阶段为 300～980℃，这个阶段将会发生一系列的化学变化。该阶段升温曲线应比较平滑，且窑炉的热循环要好，使反应能进行得比较彻底。其中，坯体中的碳素被氧化，生成 CO_2 而排出，其次氧化结合水会被分解，如高岭石 $Al_2O_3 \cdot 2SiO_2 \cdot 2HO_2$、迪开石、铝土矿 $Al_2O_3 \cdot 2HO_2$，$Fe(OH)_2$ 等。

3）中保阶段。中保阶段为 980～990℃，这时窑内温度要均匀，以便排尽剩余的结晶水分，并使坯体残留碳素充分氧化。此时，窑炉气氛 O_2 含量为 8%～12%，CO 含量为 0。

4）还原阶段。还原阶段为 990～1130℃，在该温度范围内进行还原焰烧成，是为了使坯体内的高价铁还原为低价铁，并使瓷质具有白洁度，窑内气氛 CO 含量 3%～5%，O_2 含量为 0。但是窑内还原气氛不能过浓，否则坯体釉面会吸附碳粒，而这时釉料开始熔化，致使坯体变色或出现斑点。

5）高保阶段。高保阶段温度为 1130～1250℃，这个阶段坯体内各种化学反应更趋于彻底，这是坯体在高温作用下发生烧结瓷化。烧结就是原料在加热过程中陆续产生液相填充在固体颗粒间的空隙中。

6）冷却阶段。冷却阶段为 1250℃～常温，高保阶段完成后进入熄火冷却阶段，冷却速度不宜过快，否则会引起磁体开裂。这一阶段瓷坯由高温可塑状态转化变为常温固态。

5. 窑炉

窑炉是烧成过程中的重大设备，窑炉的好坏直接关系到烧成合格率。窑炉的硬件形式，如窑炉结构的大小、保温程度、装载方式、烧嘴、排烟方式、窑内压力、气氛均匀程度以及窑炉软件方面的控制、自动化程度、检查精度等都对烧成有很大影响。20 世纪 90 年代以前，国内采用倒陷窑（如圆窑、方窑）、隧道窑等居多，随着窑炉技术的不断发展，高速等温烧嘴下排烟方式的抽屉窑以其具有的灵活、自控、节能、烧成周期短等优势得到迅速发展和广泛应用。窑炉如图 1-16 所示。

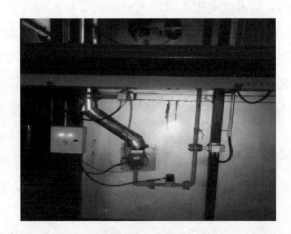

图 1-16 窑炉

（1）窑炉结构。

1）窑体内腔尺寸可根据装烧尺寸的不同及装载量的多少自行设计。目前，国内等温高速喷射抽屉窑一般高度在 2.1～6.0m 不等，如大棒形绝缘支柱及大瓷套、多节无机粘接瓷套的烧成要求炉窑高度至少在 3m 以上，整体容积一般在 50～160m³ 之间，一般根据烧嘴的排列方式火道距离可划分为多个区域，窑高在 2.3m 以上一般采用 3 层或 4 层烧嘴，根据烧嘴多少选择烧嘴功率，不同的烧嘴其功率节能效果、火焰喷射距离、火焰检测方式不尽相同，这种烧嘴国内外都有生产。

2）国内等温高速喷射抽屉窑大都采用气体燃料，且天然气居多，这种窑炉一般采用下排烟方式，排烟风机的大小可根据窑体大小设计。

3）窑顶结构一般为轻质保温悬挂式窑顶，窑门的打开方式为手推侧拉式，而窑车的数量可根据窑体的长短而定，一般为 2～4 辆窑车。

4）窑体为钢结构框架，内设铆固件窑墙，窑墙厚度一般为 350mm 左右，由轻质莫来石绝缘砖、硅酸铝板和硅酸纤维组成，烧嘴周围及窑体膨胀缝隙采用氧化铝多晶纤维填充，而窑车窑门密封处采用含锆纤维，窑体四周钢板内侧加涂稀土保温层。

（2）冗余设计。由于窑炉结构特殊，在设计方面采用三重操作的无扰动切换：①由中央控制单元根据烧成的曲线进行全过程自动控制，一旦自动控制系统出现故障，则通过人机界面上的软手动模式及显示仪表的自动/手动无扰动切换，在手动状态下完成烧成全过程；②对每个执行机构还可以通过仪表盘中的硬手操盘直接控制阀门打开角度的大小而调整流量，达到工艺曲线中要求的相关参数值，完成烧成全过程。

（3）安全联保系统。安全联保系统由风机变频器、燃气总管压力计、火焰检测器、燃气管道电磁阀、报警器等组成，这些器件相互联锁，一旦发现异常，首先进行声光报警，在报警时间范围内排除故障。为防止事故发生，系统做出紧急关停相关电磁阀切断燃气总管等程序。

6. 胶装技术

电瓷产品的胶装就是通过胶合剂将附件牢固地结合在一起，目前国内电瓷行业采用的胶合剂一般为硅酸盐水泥。根据国家标准，硅酸盐水泥一般分为42.5、52.5、62.5和72.5四个标号。

（1）用水泥胶合剂胶装工艺。电瓷产品的水泥胶装工艺一般包括瓷件、附件的准备，其中包含清洗、除锈、除油污、刷防护层、配置胶合剂、检查胶装架、胶注、养护、硬化、检查等。

（2）硅酸盐水泥胶合剂。胶合剂一般由胶结料、填充料和外加剂3部分组成。水泥胶结剂中胶结料是水泥。填充料能改善胶结剂的性能，它一般不与胶结料反应，在水泥胶结剂中，填充料一般使用瓷砂或石英砂。外加剂一般加入量很少，但它能有效地改善水泥胶结性能。常用的外加剂有减水剂、促凝剂和缓凝剂及引气剂。减水剂是一种有机表面活性物质，它在水泥砂浆中电离，电离出的阴离子吸附到水泥颗粒表面，从而增加了水泥颗粒之间的静电斥力，提高水泥沙浆的流动性。常见的减水剂有亚硫酸盐、酒精废液、环烷酸钠皂、硬脂酸、亚甲基多萘磺酸钠减水剂等；促凝剂有氯气、碳酸盐、铝酸盐、硼酸盐等；缓凝剂常用的有硼酸、磷酸、氢氟酸等；引气剂一般有松香热浆物、松香皂、烷基苯磺酸钠等。

（3）硅酸盐水泥胶合剂胶装的工艺过程。

1）瓷件及附件准备。瓷件在胶装前应进行切割、研磨等加工，然后进行清洁处理，并使瓷件保持干燥。对瓷件及附件的处理包括：①进行除锈、除油污处理，如酸洗、碱洗、毛刺处理，有些附件还要经过电镀处理，然后对附件进行烘干；②在胶装部位的瓷件及附件的内表面刷缓冲防护层，防护层能有效防止硬化水泥浆体对金属附件及瓷件的腐蚀，同时可缓和附件、瓷件及胶合剂三者热应力的不利作用。目前，电瓷行业大多数采用廉价的沥青作为防护层，沥青涂料经 120 号汽油溶解后密度一般为 0.74～0.78g/cm³，涂料厚度控制在 55～80μm 之间，且涂层均匀，不漏底、不起皱。

2）胶合剂的配制。绝缘子胶装用硅酸盐水泥胶合剂配比为水泥∶石英砂（或瓷砂)＝1∶0.5，其中填充料为石英砂（瓷砂），加水量为30％～32％，减水剂为 0.45％～0.6％。一般首先加入少量砂和水并缓慢搅拌，然后加水泥，使水泥将每颗粒砂包裹，然后快速搅拌，加入剩余水和外加剂。

3）胶装方法。首先将瓷件和附件在胶装架上定位，然后根据不同类型的产品及定位方法的不同采用不同的胶合剂填充方式，如抹灰、灌注及振动胶装方式。最后将胶装后的产品进行水养护或蒸汽养护，以保证水泥水化；然后根据各自条件进行自然养护。根据自身条件不同，养护时间不一。

第二节 复合绝缘子

复合绝缘子以其独特的整体注压工艺，解决了界面电气击穿的问题，从而有效地保障了电力系统运行的安全性。复合绝缘子产品主要由玻璃纤维环氧树脂引拔棒、硅橡胶伞裙和金具 3 部分组成。

复合绝缘子系列产品的机械性能和电气性能均优于瓷绝缘子，运行安全裕度大。

一、复合绝缘子分类

复合绝缘子易于成型，具有多种伞形结构，描述复合绝缘子伞形结构的参数有伞裙倾角、伸出比等伞裙的形态参数，也有一个伞裙单元中大伞和小伞的排列组合方式，如等径伞、大—小伞、大—小—小—中—小—小伞形等。复合绝缘子伞下无棱，不同的大小伞排列方式对绝缘子积污影响不大，但对防冰性能有显著影响，大伞过于接近会使得绝缘子更容易被冰凌桥接，导致冰闪电压下降。

复合绝缘子可分为线路复合绝缘子和电站、电器复合绝缘子，也可分为悬式复合绝缘子、柱式复合绝缘子、针式复合绝缘子、复合横担绝缘子、和铁道复合绝缘子等。

1. 悬式复合绝缘子

交流输电线路用悬式复合绝缘子的电压等级为 $10\sim1000kV$，额定机械负荷为 $70\sim550kN$。直流输电线路用悬式复合绝缘子的电压等级为 $\pm500\sim\pm1100kV$，额定机械负荷为 $160\sim1000kN$。悬式复合绝缘子由铁帽、瓷瓶套管件（悬式或硅橡胶）和钢脚（导电杆）组成，并用水泥胶合剂胶合为一体，采用国际最先进的圆柱头型结构，其特点是头部尺寸小，重量轻，强度高和爬电距离大，可节约金属材料和降低线路造价。为满足带电作业的需要，在帽檐上采用国内传统的结构形状。复合绝缘子产品用于高压和超高压交、直流输电线路中绝缘和悬挂导线用。悬式复合绝缘子如图 1-17 所示。

悬式复合绝缘子具有零值自破的特点，只要在地面或在直升机上观测即可，无需登杆逐片检测，降低了工人的劳动强度。引进生产线的产品，年运行自破率为 $0.02\sim0.04\%$，可以节约线路的维护费用。其耐电弧和耐振动性能好，在运行中玻璃绝缘子遭受雷电烧伤的新表面仍是光滑的玻璃体，并有钢化内应力保护层，因此，它仍保持了足够的绝缘性能和机械强度。在 500kV 线路上多次发生导

图 1-17 悬式复合绝缘子

线覆冰引起舞动的灾害，受导线舞动后的悬式复合绝缘子经测试，机电性能没有衰减。

据技术人员反映，玻璃绝缘子不易积污和易于清扫，南方线路运行的玻璃绝缘子雨后冲洗得较干净。

对典型地区线路上的玻璃绝缘子定期取样测定运行后的机电性能，累计上千个数据表明运行 35 年后的玻璃绝缘子的机电性能与出厂时基本一致，未出现老化现象。

复合绝缘子主容量大，成串电压分布均匀，且玻璃的介电常数为 7～8，有可能使较大的主电容和成串电压分布均匀，有利于降低导线侧和接地侧附近绝缘子所承受的电压，从而达到减少无线电干扰、降低电晕损耗和延长玻璃绝缘子寿命的目的，运行实践证明了这一点。

2. 柱式复合绝缘子

柱式复合绝缘子的电压等级为 10～220kV，额定弯曲负荷为 2～18kN。线路柱式复合绝缘子可在工作电流范围内进行频繁的操作或多次开断短路电流；机械寿命高达 30000 次，满容量短路电流开断次数可达 50 次。

线路柱式复合绝缘子适于重合闸操作并有极高的操作可靠性与使用寿命。线路柱式复合绝缘子（普通型）采用了立式的绝缘筒防御各种气候的影响；且在维护和保养方面，通常仅需对操作机构做清扫或润滑。线路柱式复合绝缘子（极柱型）采用了固体绝缘结构——集成固封极柱，实现了免维护。线路柱式复合绝缘子在开关柜内的安装形式既可以是固定式，也可以是可抽出式，还可安装于框架上使用如图 1-18 所示。

线路柱式复合绝缘子保护发电厂、变电站的交流电气设备免受大气过电压和操作过电压的损坏。通过判断线路中流过柱式复合绝缘子电流是否超过额定电流值，调整整定电流值。电动机运行时过载，利用热继电器的辅助触头常闭点断开、常开点闭合的特性进行保护。在继电控制中把常闭点与停止按钮串入，过载时停止电动机运行，并给出报警信号。

3. 针式复合绝缘子

针式复合绝缘子的电压等级为 10～35kV，额定弯曲负荷为 1～20kN。高压线路针式复合绝缘子具有很高的抗弯曲、抗扭强度，同时抗冲击度、抗震性和防爆性能优越，内绝缘可靠、重量轻、易安装，是传统针式瓷绝缘子的理想代换产品。针式复合绝缘子如图 1-19 所示。

图 1-18 柱式复合绝缘子　　　图 1-19 针式复合绝缘子

针式复合绝缘子由芯棒与硅橡胶构成,其中,芯棒由环氧玻璃纤维棒制成,其机械强度相当高,是普通钢材强度的 1.6～2 倍,是高强度瓷的3～5 倍。三层的硅橡胶绝缘伞裙具备良好的耐污闪性能,不会有裂纹、破损、瓷釉脱落等普通陶瓷绝缘子常有的现象。由于在中间层的硅橡胶绝缘伞裙直径比上下两层的绝缘伞裙的直径要小一些,上下两层的绝缘伞裙不会形成连续导电膜,也就不会产生泄漏电流热效应,因此就很难引起绝缘子闪络。

当针式复合绝缘子遭到雷击以后,硅橡胶绝缘伞裙不会破裂,但有明显的烧灼痕迹,容易被线路巡视人员发现。在对针式复合绝缘子进行全面的电气试验之后,将针式复合绝缘子浸水数小时,再做干闪、湿闪及耐压试验,均符合要求。考虑到本地气温的实际情况,没有进行温差试验。采用针式复合绝缘子是降低线路故障非常有效的措施。

4. 复合横担绝缘子

复合横担绝缘子的电压等级为 10～220kV,额定弯曲负荷为 2～18kN。复合横担绝缘子可在工作电流范围内进行频繁的操作或多次开断短路电流。机械寿命可高达 30000 次,满容量短路电流开断次数可达 50 次。复合横担绝缘子适于重合闸操作并有极高的操作可靠性与使用寿命。

复合横担绝缘子(普通型)采用了立式的绝缘筒防御各种气候的影响;且在维护和保养方面,通常仅需对操作机构做间或性的清扫或润滑。复合横担绝缘子（极柱型）采用了固体绝缘结构——集成固封极柱，实现了免维护。复合横担绝缘子在开关柜内的安装形式既可以是固定式，也可以是可抽出式，还可安装于框架上使用如图 1-20 所示。

复合横担绝缘子保护发电厂、变电站的交流电气设备免受大气过电压和操作过电压的损坏。

5. 铁道复合绝缘子

铁道复合绝缘子包括：①悬式复合绝缘子，额定机械负荷为 100～160kN；②腕臂复合绝缘子，额定弯曲负荷 8～16kN。铁道复合绝缘子（见图 1-21）适用于运行条件复杂的电气化铁路隧道，能够有效防止污闪事故发生，减少清扫维护工作量。由于其尺寸小，特别适用于隧道较小的情况，这是瓷、玻璃绝缘子无法替代的。

图 1-20　复合横担绝缘子　　　　图 1-21　铁道复合绝缘子

铁道接触网用绝缘子在高潮湿、高污秽长隧道环境中的污闪是电气化铁路的惯性病害之一，污闪的发生与绝缘子爬电距离、绝缘子所处空间的污染程度及大气湿度有关，绝缘子积污程度受绝缘子型式、降雨及距污染源距离等影响。合理选择外绝缘的爬电比距，增加绝缘子清扫力度是防范隧道中绝缘污闪的重要措施。铁道复合绝缘子经过优化设计，机械及电气强度均有较大的裕度，可以满足标准和用户的使用要求，与瓷、玻璃绝缘子相比具有优良的耐污性能，稳定可靠的机械性能，更适合在高潮湿、高污秽长隧道环境中应用。

二、复合绝缘子结构

1. 复合绝缘子组成

复合绝缘子由芯棒、伞裙护套和连接金具组成，其中芯棒材质为玻璃钢，用来提供绝缘子的机械性能，伞裙护套通过黏合剂连接于芯棒表面，起到保护芯棒的作用；连接金具位于复合绝缘子两端，用于将复合绝缘子与杆塔金具相连接。

端部结构。复合绝缘子按端部结构可分为楔式结构、粘接式结构、压接式结构。目前在运复合绝缘子大部分为压接式结构，仅有少数为楔式结构。

（1）楔式结构及其密封。楔式结构可分为内楔式、外楔式两种：①内楔式结构需先在芯棒上锯开一个槽，开槽的芯棒插入金具内孔后，在芯棒槽中压入一片锥形楔子，使芯棒表面和金具内壁产生一定摩擦力，使复合绝缘子能够承担一定的机械拉伸负荷；②外楔式结构是芯棒套入金具内孔后，在芯棒和金具内孔之间压入多片圆锥形楔子。使金具和楔子及芯棒之间形成一定摩擦力，使复合绝缘子能够承担一定的机械拉伸负荷。

楔式结构依靠密封胶实现芯棒与金具之间的密封，金具之间一般采用螺纹连接，在芯棒和金具之间增加了密封圈，依靠压紧的密封圈与密封胶一起实现密封，密封胶一般为常温硫化硅橡胶。

由于存在芯棒与金具之间的多处密封，增加了密封失效概率。使用的常温硫化硅橡胶容易老化开裂，造成水分的侵入。

（2）压接式结构及其密封。压接式结构把金属材料制成具有圆筒柱状内腔的金具，把金具套在芯棒端部。通过自动化压接设备对金具外圆周同轴多向施加适当压力，促使金具出现塑变并套压在芯棒端部，使复合绝缘子能够承担一定的机械拉伸负荷。

在金具内腔开一个凹槽，护套与金具凹槽间压入密封圈，外部用室温硫化硅橡胶密封。在金具端部增加密封环，在环内压入密封圈。采用整体注射成型工艺直接将高温硫化硅橡胶挤压在芯棒和金具上，同时金具表面也设置凹槽以增加密封可靠性。

（3）结构对比分析。楔式结构的结构复杂、密封界面多、打入楔子容易对芯棒造成损伤，不利于芯棒机械性能的长期维持，历史上曾发生多次楔式结构复合绝缘子因密封失效导致端部进水、进而造成脆断的案例，目前已不再生产，只是一些老旧在运复合绝缘子为楔式结构。

压接式结构简单、密封性好、金具压接时受力均匀不会损伤芯棒，目前复合绝缘子生产均采用压接工艺，运行十多年以来，基本没有出现端部密封失效问题。

2. 复合绝缘子涂料

（1）RTV 防污闪涂料。室温硫化硅橡胶即 RTV 防污闪涂料，近年来以其长效、免维护等突出特点在国内得到快速发展和广泛应用。

（2）PRTV 防污闪涂料。PRTV 防污闪涂料也称长效防污闪涂料，其各项项目指标均优于 RTV 防污闪涂料，主要包括憎水性、电气性能、物理机械性能等。

三、复合材料

1. 原料的组成

复合绝缘子包含芯棒、护套、伞裙、金具等部位，其中芯棒材料主要为环氧玻璃纤维，护套、伞裙材料为高温硫化硅橡胶。

构成芯棒的环氧玻璃纤维中，沿轴线平行排列的玻璃纤维是骨架，以环氧树脂为基体材料，将玻璃纤维粘合成整体，构成环氧玻璃引拔棒（见图 1-22）。环氧玻璃引拔棒的抗拉强度可达普通碳素钢的 2.5 倍。

构成伞裙材料的高温硫化硅橡胶是以硅橡胶为基体，添加偶联剂、阻燃剂、补强剂、抗老化剂等填料经高温硫化而成，其中补强剂常用白炭黑，阻燃剂常用氢氧化铝，国内复合绝缘子伞裙材料主要由甲基乙烯硅橡胶材料为基体（见图 1-23）。

2. 复合材料的制备

复合绝缘子的生产工艺图如图 1-24 所示，分为环氧玻璃引拔棒生产、胶料生产、注射装配 3 部分。

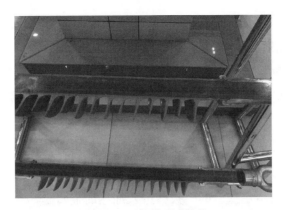

图 1-22　环氧玻璃引拔棒

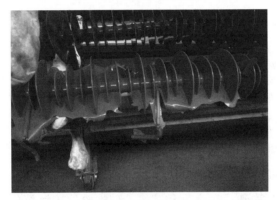

图 1-23　高温硫化硅橡胶

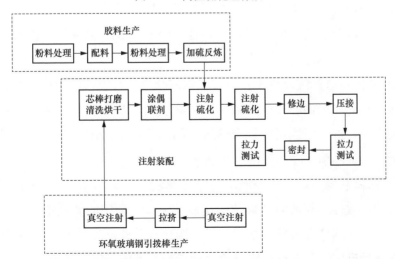

图 1-24　复合绝缘子的生产工艺图

（1）环氧玻璃引拔棒生产。环氧玻璃引拔棒是将玻璃纤维浸渍环氧树脂后，经真空注射、连续拉挤、固化而成。

1）真空注射：首先在模具（单面模具）上铺设玻璃纤维，然后铺设导流网，并抽出体系中的空气，在模具中形成负压，利用负压把树脂通过预先铺设的管路吸入纤维层中，让树脂充分浸润玻璃纤维。

2）拉挤：玻璃纤维在拉挤设备牵引力的作用下，在充分浸渍环氧树脂后，由一系列预成型模板合理导向，得到初步的定型。

3）固化：初步定型后的引拔棒进入加热的金属模具，在高温作用下反应固化。

（2）胶料生产。

1）配料：按照一定的配比配置硅橡胶生胶、各种助剂（如补强剂白炭黑、阻燃剂氢氧化铝等）。

2）混炼：硅橡胶生胶中逐渐加入白炭黑、氢氧化铝等及其他助剂反复炼制，使助剂在胶料中分布均匀，形成合成橡胶。

3）加硫返炼：在胶料中加入硫化剂，再次进行混炼。

（3）注射装配。

1）金具打磨喷砂：在金具和芯棒、硅橡胶的接触部分进行打磨，在表面喷涂微小颗粒。打磨、喷砂在去除表面污秽同时使相应表面具有更大的接触面积，以获得良好的端部机械强度，和硅橡胶接触良好，能保证密封效果。

2）芯棒打磨清洗及烘干：对玻璃钢芯棒进行打磨，使表面与粘合剂能充分接触；对玻璃钢芯棒进行清洗，去除表面的灰尘颗粒，灰尘颗粒会导致粘接不良，进而引发运行复合绝缘子的内部放电缺陷；芯棒清洗后需及时烘干，保证芯棒不发生吸潮（见图1-25）。

3）涂偶联剂：在芯棒表面均匀涂抹偶联剂（见图1-26）。偶联剂的作用是将护套硅橡胶与玻璃纤维芯棒连接在一起，常用的偶联剂为硅烷偶联剂，其分子一端具有亲环氧基团，另一端具有亲硅橡胶基团，在一定温度、压力下通过反应形成三维交联结构将硅橡胶与玻璃纤维芯棒连在一起。

图 1-25　芯棒装配前

4）注射硫化：把芯棒放入硅橡胶注射模具，注塑橡胶，并将此过程中产生的气体排出；控制温度使硅橡胶材料充分硫化，硫化后硅橡胶大分子之间产生交联，提升材料的耐老化性能。

图 1-26　芯棒装配前涂偶联剂

5）修边：对硅橡胶伞裙边沿、合模缝处的飞边进行修剪（见图 1-27）。

6）压接：用压接机进行压接，一般从 8 个方向将端部金具均匀向中心挤压，使金具与芯棒产生轻微形变，形成金具与芯棒的预应力，在承受拉力时产生摩擦力，从而获得稳定的端部连接结构（见图 1-28）。

7）密封：对端部金具涂抹高温硫化硅橡胶，保证端部不会被外部潮气侵入。部分厂家在注射成型时可同时完成这一步。

图 1-27 修边

图 1-28 待压接的复合绝缘子

8）出厂试验：对完成生产的绝缘子按 GB 19519—2014《架空线路绝缘子标称电压高于 1000V 交流系统用悬垂和耐张复合绝缘子定义、试验方法及接收准则》或者采购方技术协议的要求进行机械破坏负荷、陡波冲击等出厂试验。

3. 偶联剂

偶联剂是在塑料配混中，改善合成树脂与无机填充剂或增强材料的界面性能的一种塑料添加剂，又称表面改性剂。它在塑料加工过程中可降低合成树脂熔体的黏度，改善填充剂的分散度以提高加工性能，进而使制品获得良好的表面质量及机械、热和电性能。其用量一般为填充剂用量的 0.5%～2%。

偶联剂是具有两种不同性质官能团的物质，其分子结构的最大特点是分子中含有化学性质不同的两个基团：①亲无机物的基团，易与无机物表面起化学反应；②亲有机物的基团，能与合成树脂或其他聚合物发生化学反应或生成氢键溶于其中。因此偶联剂被称作分子桥，用以改善无机物与有机物之间的界面作用，从而大大提高复合材料的性能，如物理性能、电性能、热性能、光性能等。偶联剂用于橡胶工业中，可提高轮胎、胶板、胶管、胶鞋等产品的耐磨性和耐老化性能，并且能减小天然橡胶用量，从而降低成本。在复合材料中，偶联剂既能与增强材料表面的某些基团反应，又能与基体树脂反应，在增强材料与树脂基体之间形成一个界面层，界面层能传递应力，从而增强了增强材料与树脂之间粘合强度，提高了复合材料的性能，同时还可以防止其他介质向界面渗透，改善界面状态，有利于制品的耐老化、耐应力及电绝缘性能。

（1）偶联剂的分类。

1）铬络合物偶联剂。铬络合物偶联剂开发于 20 世纪 50 年代初期，是由不饱和有机酸与三价铬离子形成的金属铬络合物，合成及应用技术均较成熟，而且成本低，但品种比较单一。

2）硅烷偶联剂。硅烷偶联剂的通式为 RSiX3，式中 R 代表氨基、巯基、乙烯基、环氧基、氰基及甲基丙烯酰氧基等基团，这些基团和不同的基体树脂均具有较强的反应能力，X 代表能够水解的烷氧基（如甲氧基、乙氧基等）。硅烷偶联剂在国内有 KH550、KH560、KH570、KH792、DL602、DL171 这几种型号。

3）钛酸酯偶联剂。依据独特的分子结构，钛酸酯偶联剂分为四种基本类型：①单烷氧基型，这类偶联剂适用于多种树脂基复合材料体系，尤其适合于不含游离水、只含化学键合水或物理水的填充体系；②单烷氧基焦磷酸酯型，该类偶联剂适用于树脂基多种复合材料体系，特别适合于含湿量高的填料体系；③螯合型，该类偶联剂适用于树脂基多种复合材料体系，由于它们具有非常好的水解稳定性，这类偶联剂特别适用于含水聚合物体系；④配位体型，该类偶联剂在多种树脂基或橡胶基复合材料体系中都有良好的偶联效果，它克服了一般钛酸酯偶联剂用在树脂基复合材料体系的缺点。

4）其他偶联剂。锆类偶联剂是含铝酸锆的低分子量的无机聚合物。它不仅可以促进不同物质之间的粘合，还可以改善复合材料体系的性能，特别是流变性能。该类偶联剂既适用于多种热固性树脂，也适用于多种热塑性树脂。此外还有镁类偶联剂和锡类偶联剂。

（2）应用领域。

1）主要功能。

①在玻纤、玻璃钢中，提高复合材料湿态物理机械强度、湿态电气性能，并改善玻纤的集束性、保护性和加工工艺；②在胶粘剂和涂料中，提高湿态下的粘合力、耐候性，改善颜料分散性，提高耐磨性和树脂的交联；③在铸造中，提高树脂砂的强度；④在橡胶中，提高制品机械强度、耐磨性、湿态电气性能和流变性；⑤在密封胶中，提高湿态的粘合力，提高填料的分散性和制品耐磨性；⑥在纺织中，令纺织品柔软丰满，提高其防水性及对染料的粘合力；⑦在印刷油墨中，提高粘合力的浸润性；⑧在填料表面处理中，在树脂中提高填料和树脂的相容性、浸润性、分散性；⑨在交联聚乙烯中，用于交联聚乙烯电缆及热水管增强强度、耐用性及使用寿命。

2）主要用途：在增强塑料中，能提高树脂和增强材料界面结合力；在树脂基体与增强材料的界面上，促进或建立较强结合。

3）作用机理。

钛酸酯偶联剂的分子可以划分为 6 个功能区，它们在偶联机制中分别发挥各自的作用。作用机理如图 1-29 所示。

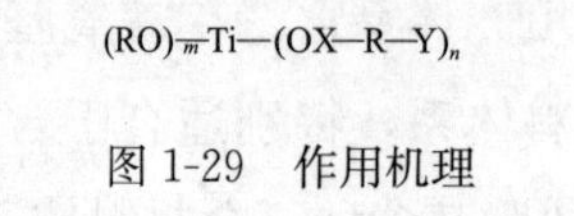

无机相　　　　有机相
$\longleftarrow$ - - - - - - - - $\longrightarrow$

| 1 | 2 | 3 | 4 | 5 | 6 |

$$(RO)\text{---}_m Ti\text{---}(OX\text{---}R\text{---}Y)_n$$

图 1-29　作用机理

图 1-29 中，$1 \leqslant m \leqslant 4$，$2 \leqslant n \leqslant 5$。

图 1-29 中，功能区 1 $(RO)_m$ 起到无机物与钛偶联的作用。钛酸酯偶联剂通过它的烷氧基直接和填料或颜料表面所吸附的微量羧基或羟基进行化学作用而偶联。由于功能区基团的差异开发了不同类型偶联剂，每种类型对填料表面的含水量有选择性。

4）各类型偶联剂特点：

① 单烷氧基型。单烷氧基钛酸酯在无机粉末和基体树脂的界面上产生化学结合，它所具有的极其独特的性能是在无机粉末的表面形成单分子膜，而在界面上不存在多分子膜。因为依然具有钛酸酯的化学结构，所以在过剩的偶联剂存在下，使表面能变化，黏度大幅度降低，在基体树脂相由于偶联剂的三官能基和酯基转移反应，可使钛酸酯分子偶联，这就便于钛酸酯分子的变型和填充聚合物体系的选用。该类偶联剂（除焦磷酸型外）特别适合于不含游离水，只含化学键合水或物理键合水的干燥填充剂体系，如碳酸钙、水合氧化铝等。

② 单烷氧基焦磷酸酯型。该类钛酸酯适合于含湿量较高的填充剂体系，如陶土、滑石粉等，在这些体系中，除单烷氧基与填充剂表面的羟基反应形成偶联外，焦磷酸酯基还可以分解形成磷酸酯基，结合一部分水。

③ 螯合型。该类偶联剂适用于高湿填充剂和含水聚合物体系，如湿法二氧化硅、陶土、滑石粉、硅酸铝、水处理玻璃纤维、灯黑等。在高湿体系中，一般的单烷氧基型钛酸酯由于水解稳定性较差，偶联效果不高，而该型具有极好的水解稳定性，因此具有良好的偶联效果。

配位型。配位型偶联剂可以避免四价钛酸酯在某些体系中的副反应，如在聚酯中的酯交换反应、在环氧树脂中与羟基的反应和在聚氨酯中与聚醇或异氰酸酯的反应等。该类偶联剂在许多填充剂体系中都适用，有良好的偶联效果，其偶联机理和单烷氧基型类似。

图 1-29 中功能区 2 具有酯基转移和交联功能。该区可与带羧基的聚合物发生酯交换反应，或与环氧树脂中的羧基进行酯化反应，使填充剂、钛酸酯和聚合物三者交联。酯交换反应受以下几个因素支配：钛酸酯分子与无机物偶联部分的化学结构；功能区 3 上的 OX 基团的化学结构；有机聚合物的化学结构；其他助剂如酯类增塑剂的化学性质。

钛酸酯在聚烯烃之类的热塑性聚合物中不发生酯交换反应，但在聚酯、环氧树脂中或者在加有酯类增塑剂的软质聚氯乙烯塑料中，酯交换反应却有很大影响。酯交换反应的活性太高会造成不良后果，例如像 KR—9S 那样的钛酸酯，当加入到聚合物中后，能迅速发生酯交换反应，初期黏度急剧升高，使填充量大大下降；而像 KR—12 那样的钛酸酯，酯交换反应的活性低，没有初期黏度效应，但酯交换反应可随着时间逐渐进行，这样不但初期的分散性良好，而且填充量可大为增加。

在涂料中可利用钛酸酯偶联剂的酯交换机制来交联固化饱和聚酯和醇酸树脂，可得到一种不泛黄的材料（因为不含不饱和结构）。由于酯交换作用可以表现触变性，因此有较高酯交换活力的 KR—9S 具有触变性效果，TTS 也有一定程度的酯交换能力。

图 1-29 中功能区 3OX 为连接钛中心的基团。这一部位的 OX 基团随基结构不同，对钛酸酯的性能有不同影响，例如羧基可增加与半极性材料的相溶性，磺酸基具有触变性，砜基可增加酯交换活性，磷酸酯基可提高阻燃性，聚氯乙烯的软化性，焦磷酸酯基可吸收水分，改进硬质聚氯乙烯的冲击强度，亚磷酸酯基可提高抗氧性，降低聚酯或环氧树酯中的黏度等。

图 1-29 中功能区 4R 为热塑性聚合物的长链纠缠基团，钛酸酯分子中的有机骨架。由于存在大量长链的碳原子数提高了与高分子体系的相溶性，引起无机物界面上表面能的变化，具有柔韧性及应力转移的功能，产生自润滑作用，导致黏度大幅度下降，改善加工工艺，增加制品的延伸率和撕裂强度，提高冲击性能。如果 R 为芳香基，可提高钛酸酯与芳烃聚物的相溶性。

图 1-29 中功能区 5Y 为热固性聚合物的反应基团。当它们连接在钛的有机骨架上，就能使偶联剂和有机材料进行化学反应而连接起来，例如双键能和不饱和材料进行交联固化，氨基能和环氧树脂交联等。

图 1-29 中功能区 6n 代表钛酸酯的官能度，n 可以为 1～3，因而能根据需要调节，使它对有机物产生多种不同的效果，在这一点上灵活性比硅烷那样的三烷氧基单官能偶联剂大。

从上述 6 个功能区的作用可以看出钛酸酯偶联剂具有很大的灵活性和多功能性，它本身既是偶联剂，也可以是分散剂、湿润剂、黏合剂、交联剂、催化剂等、还可以兼有防锈、抗氧化、阻燃等多功能，因此应用范围很广，胜过其他偶联剂。

4. 复合绝缘子金具

复合绝缘子金具是复合绝缘子两端的金属端头，是复合绝缘子的重要组成部分。

复合绝缘子金具的分类。复合绝缘子金具可划分为：

（1）单双耳复合绝缘子金具（见图 1-30）。单双耳金具主要由 45 号钢锻造而成，镀锌层厚度在 $73\sim86\mu m$ 之间，由该金具构成的棒形悬式复合绝缘子出现损伤变形时，更换过程更为方便。在更换时应注意，应使用与图纸提供的同规格形状的锁紧销，确保绝缘子的可靠连接。

图 1-30　单双耳复合绝缘子金具

（2）球头、球窝复合绝缘子金具（见图 1-31）。球头、球窝金具采用卡扣形式，在受到外力作用时，可允许绝缘子发生一定角度的轴向转动，从而避免了因外力作用导致的金具变形、脱落等问题。该类金具主要用在受到轴向力作用较多的位置。

图 1-31　球头球窝复合绝缘子金具

（3）法兰复合绝缘子金具（见图1-32）。法兰金具是支柱绝缘子的基础部件，用于承载绝缘复合材料，同时底部的4个螺栓孔能够保障支柱绝缘子的空间位置的稳定。

图1-32　法兰复合绝缘子金具

（4）针式复合绝缘子金具（见图1-33）。

针式复合绝缘子采用的金具主要为嵌入复合材料较长的金具结构。

图1-33　针式复合绝缘子金具

（5）铁路专用复合绝缘子金具（见图1-34）。铁路用复合绝缘子金具能够满足在高铁架空输电线路中的个性化需求，能够承受铁路运行时的机械应力作用。

四、复合绝缘子成型技术

复合材料绝缘子是陶瓷绝缘子的替代产品，在低温工程领域应用很广泛，其低温力学性能、电性能和耐高压气密性已经经过了实验的考核。复

图 1-34　铁路专用复合绝缘子金具

合材料绝缘子的结构主要包括复合材料内衬管、金属端管和外补强层三个方面。复合绝缘子结构示意图如图 1-35 所示。

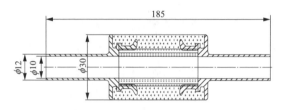

图 1-35　复合绝缘子结构示意图

先按图 1-35 加工玻璃钢芯棒，把玻璃钢芯棒夹在缠绕机上，将玻璃纤维带通过边刮低温胶边缠绕方式，半叠包缠绕到需要的尺寸，具体尺寸比内衬管实际大约 2mm 留给加工就可以了。刮低温胶要保证纤维带渗透，肉眼看纤维带是透明的。缠绕过程中预紧力在 2kgf 上下，里紧外松。纤维缠绕达加工尺寸后，用热缩带紧包 3 层，再在外面包 2 层脱模四氟带，并用胶带固定好，最后垂直放在烘箱内固化。

低温胶选用低温中心的中性硅酮结构胶，固化机制为：80℃1h，100℃1h，120℃1h，130℃1h，随炉降温。毛坯加工成型时要做到无油加工，加工后要用丙酮清洗。

绝缘子两端的金属管采用 316L 和 316LN。加工尺寸相同，采用焊接结构形式（见图 1-36）。

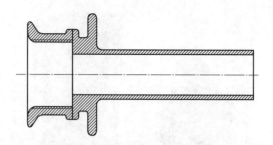

图 1-36　复合绝缘子金属管加工示意图

按图加工焊接成型后须对其进行表面处理，处理工艺如下：

把酸洗液加热到 60℃，工件在酸洗液里酸洗 20min。酸洗液为硫酸 80～120g/L，盐酸 80～100g/L。水冲洗后，在去离子水中超声清洗 10min，再在 60℃烘干 2h。

用 DWZ 黏结绝缘子端管与内衬管，黏结须分步进行，黏结过程中注意不要产生富胶区。固化机制与内衬管相同。先涂胶黏结其中的一个端管和内衬管，固化时内衬管垂直向上，并且内衬管应在上面，使低温胶在固化时不要流掉。

黏结另外一个端管与内衬管，固化时也要垂直放置，并且黏结好的一端在上面，防止低温胶流失，黏结时可能产生富胶的地方要填充玻璃纤维。在端管电刻编号，送粗检，在液氮温度不漏，才进入下一步。

外围缠绕补强把粗检合格的黏结件固定在缠绕机上，通过边涂 DWZ 胶边缠绕的方式，将多股（约 20 股）无捻玻璃纤维丝缠绕补强至设计尺寸。缠绕角度在 30°～60°之间。预紧力内紧外松，不超过 2kgf。缠绕速度控制在涂胶均匀充分的基础上。缠绕完玻璃纤维后，在外面再包 3 层热缩带和 2 层脱模四氟带，并且用胶带固定好，放进烘箱内固化成型，固化机制同内衬管。

当上述工艺完成后，将产品表面进行清理，随后进入下道工序进行检测工作。

五、复合绝缘子的优劣点

近年来，复合绝缘子因其强度高，外形美观，体积小，重量轻等特点在输变电工程得到广泛的应用。它的耐污性能好，抗污性能好，抗污闪能力强，其湿耐受电压和污秽耐受电压为相同爬距瓷绝缘子的2～2.5倍，能在重污秽区安全运行；且复合绝缘子密封性能好，耐电蚀能力强，伞裙材料耐漏电起痕达TMA4.5级水平，具有良好的耐老化、耐腐蚀、耐低温性能，可适用于−40～−50℃地区。硅橡胶伞裙具有良好憎水性能，其整体结构保证了内绝缘不受潮，不需进行预防性绝缘监测试验，不需清扫，减少了日常维护工作量。基于上述特点，复合绝缘子在避雷器、互感器及线路悬挂绝缘子中得到了大量应用。

但是，硅橡胶在自然环境下有劣化趋势。

自20世纪80年代初期在电力系统中引进并使用复合绝缘子算起，虽然复合绝缘子起步较晚但发展迅猛，目前已在大部分的污秽严重地区和新建输电线路上得到广泛使用，相关数据显示，我国已是全世界使用复合绝缘子最多的国家。硅橡胶是一种性能优越的聚合物绝缘材料，但随着运行时间的增加，硅橡胶绝缘材料会出现不同程度的老化现象，如褪色、开裂、粉化、憎水性下降、变硬变脆、漏电起痕，等等。引起复合绝缘子老化的因素主要有光老化、热老化、电老化、环境老化（酸蚀、积垢、高温、高湿、盐分侵蚀等）。老化的直接后果是表面憎水性丧失，防污闪能力下降，导致复合绝缘子的使用可靠性变差，在极端情况下，引起芯棒脆断，引起掉串、掉线等恶性事故。

沿海地区兼具重酸雨、高工业化程度及海洋性气候等环境特征，有着显见的高温、高湿、高盐分的沿海气候特征，复合绝缘子的劣化现象更为突出。与瓷绝缘子、玻璃绝缘子等无机材料相比，复合绝缘子是有机材料，其主要成分是聚二甲基硅氧烷（PDMS），分子结构如图1-37所示。

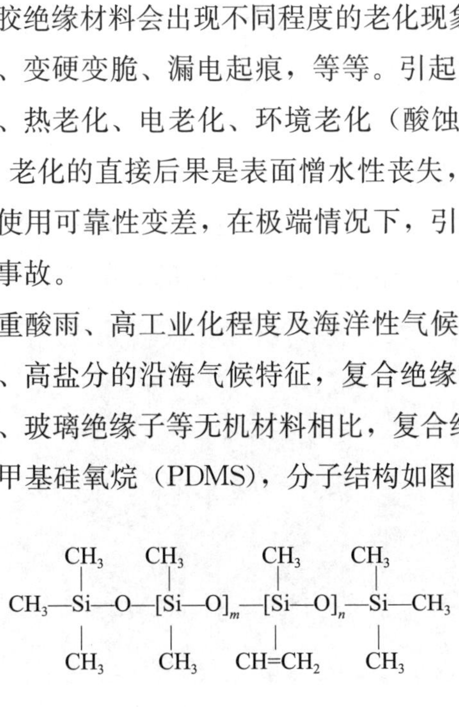

图 1-37　复合绝缘子分子结构图

从图 1-37 中可以看到，分子中各原子通过共价键结合，键合力比较弱，构成有机材料的大分子比较容易产生断裂现象，因此，复合绝缘子的老化远比瓷绝缘子和玻璃绝缘子严重。当老化因子，如电晕放电、强紫外线和酸碱腐蚀物作用到硅橡胶表面时，这些因素会使复合绝缘子产生不可逆转的物理和化学性能变化，即老化。硅橡胶的 PDMS 降解为小分子，造成聚合度和交联度的下降，是复合绝缘子老化的主因；而填料的分解，造成材料出现较多孔洞，进而加速材料内部的老化，反过来促进了 PDMS 的降解。

在老化因子的作用下，硅橡胶的材料中的化学键被破坏，硅氧主链被切断，聚合物大分子发生降解，同时产生大量的活性基团。这些活性基团在空气中氧的作用下会产生系列的化学反应，生成强极性基团，造成分子结构间相互交联，结构的柔顺性下降。材料表面发生的裂解、氧化、以及水反应等导致憎水性下降，然而，硅橡胶特有的小分子迁徙性又使得憎水性得到恢复，但其恢复程度受小分子迁徙速度的制约，在老化不可逆转特性的影响下，复合绝缘子的劣化是不可避免的，最终将导致憎水性完全丧失。

复合绝缘子的老化（见图 1-38），其本质是不同应力作用下的化学键断裂，产生低分子化合物，引起硅橡胶表面缺陷增多，憎水性下降、泄漏电流增加等特性变化，进而引起运行可靠性的下降甚至是失效的发生。

图 1-38 复合绝缘子的老化

　　虽然复合绝缘子的老化是不可逆转的，但目前有较多的方法监控其老化程度，非破坏性方法主要有外观检查、憎水性试验、超声波检测，破坏性方法有闪络电压测试、机械负荷耐受试验、2m 跌落试验等，具体要求可参考 DL/T 864—2004《标称电压高于 1000V 交流架空线路用复合绝缘子使用导则》。

第二章

支柱绝缘子
无损检测原理

无损检测（Non-Destructive Testing，NDT）又称为无损探伤，是指在不损害或不影响被检测对象使用性能、不伤害被检测对象内部组织的前提下，利用材料内部结构异常或缺陷存在引起的热、声、光、电、磁等反应的变化，以及物态缺陷的类型、性质、数量、形状、位置、尺寸、分布及其变化进行检查和测试的方法。无损检测的方法主要有目视检测法、超声波检测法、磁粉检测法、射线检测法、声振检测法和磁性检测法。

第一节　目视检测法原理

目视检测法指用人的眼睛或借助于某种目视辅助器材对被检件进行的检测，是一种通过观察、分析和评价被检件状况的无损检测方法。

目视检测法又分为直接目视检测、间接目视检测和透光目视检测 3 种。直接目视检测是指不借助于目视辅助器材（照明光源、反光镜、放大镜除外），直接用眼睛进行检测。间接目视检测是指借助于反光镜、望远镜、内窥镜、光导纤维、照相机、视频系统、自动系统、机器人以及其他适合的目视辅助器材，对难以进行直接目视检测的被检部位或区域进行检测。透光目视检测是指借助于人工照明，观察透光叠层材料厚度变化的一种目视检测技术。

目视检测的一般要求除应符合 JB/T 4730.1—2005《承压设备无损检测　第 1 部分：通用要求》的有关规定外，对检测人员、工艺规程及设备和器材还有如下要求：

一、检测人员

目视检测人员未经矫正或经矫正的近（距）视力和远（距）视力应不低于 5.0（小数记录值为 1.0），测试方法应符合 GB 11533—2011《标准对数视力表》的规定。检测人员应每 12 个月检查一次视力，以保证正常的或正确的近距离分辨能力。如果检测对辨色力有特别的要求，经合同各方同意，检测人员宜补充辨色力测试，以保证必要的辨色力。

二、工艺规程

应按 JB/T 4730.1 的要求制定目视检测工艺规程，目视检测工艺规程应至少包括如下内容：①适用范围；②引用法规、标准；③检测人员资格；④检测器材；⑤观察方法；⑥被检件、位置、可接近性和几何形状；⑦检测覆盖范围；⑧被检表面结构情况；⑨被检表面照明要求；⑩检测时机、检测技术；⑪检测结果的评定；⑫检测记录、报告和资料存档；⑬编制、审核和批准人员；⑭编制日期。

三、设备和器材

目视检测使用的设备和器材包括直接目视检测、间接目视检测和透光目视检测使用的器材。其中，直接目视检测器材主要有照明光源、反光镜和低倍放大镜；间接目视检测器材主要有照明光源、反光镜、望远镜、内窥镜、光导纤维、照相机、视频系统、自动系统、机器人以及其他适合的目视辅助器材；透光目视检测器材主要有照明光源和放大镜。目视检测器材应达到规定的性能要求和安全要求。

第二节　超声波检测法原理

超声波（Acoustic Emission，AE）检测法是通过局部放电技术对电力设备局部放电，并对放电时产生的信号进行采集、处理和分析来获取设备运行的状态。

超声波是指振动频率在 20kHz 以上的声波。因其频率超过了人耳能够分辨的听觉上限，因此将这种听不见的声波叫超声波。与声波的原理类似，超声波也是物体机械振动状态的传播形式。按照声源在介质中振动的方向与波在介质中传播的方向之间的关系，可以将超声波分为纵波和横波两种形式。纵波又称疏密波，疏密波的运动方向为波的传播方向，可在固体、液体和气体介质中存在。横波又称为剪切波，剪切波的运动方向为波的垂直方向，它仅能在固体介质中存在。

一、超声波的衍射

当波行进时，波前上的每一点都可视为新的点波源，以其为圆心或球心，各自发出圆形波或球面波。在某一时刻和这些圆形波或球面波相切的线或面（称为包迹）形成新的波前，称为惠更斯原理如图 2-1 所示。惠更斯原理可用以解释波的反射、折射、干涉和衍射现象。

波在传播时，若被一个大小接近于或小于波长的物体阻挡，就绕过这个物体，继续进行。若通过一个大小近于或小于波长的孔，则以孔为中心，形成环形波向前传播，这就是衍射现象，如图 2-2 所示。

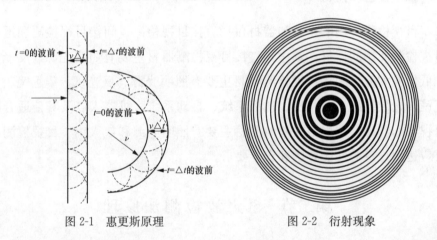

图 2-1　惠更斯原理　　　　　　　图 2-2　衍射现象

在超声波检测中，大多应用片状压电晶片作为声源，若有一片状声源固定在一个大的刚性壁上，圆盘源本身做纵向或横向振动，且其整个表面各质点的振动具有相同的相位和振幅。这样，声源向相邻介质辐射的超声波声场，类似于上述圆孔后面的声场。在接近声源区域的声场有明显的干涉区，这就是后面将要叙述的近场区。

二、圆盘纵波辐射声场

对超声场进行粗略分析和观察并非十分困难，但要做精确的定量分析却不容易，特别是对于声源近场、一些小的反射体的散射以及不规则的反射面，其超声场的分析则更为困难。为了使超声场的理论分析简化，一般在声波为连续正弦波、传声介质为液体的条件下进行推导计算。这在一定条件下和一定范围内还是可以应用于固体介质的，同时也是进一步讨论固体介质中脉冲超声波的基础。下面首先讨论圆盘声源的声场。

（1）声源轴线上的声压。首先讨论点状声源（以下简称点源）在液体介质中辐射的声场，在不考虑介质对声波衰减的条件下，声场中任意一点的声压为：

$$P = \frac{P_0 \mathrm{dS}}{r} \sin(\omega t - kr) \tag{2-1}$$

式中　r——液体介质声场中任一点至点源的距离；

　　　ω——角频率；

　　　k——$2\pi/\lambda$；

　　　λ——波长；

　　　dS——点源的面积；

　　　P_0——点源处的起始声压；

　　　t——点源辐射的声波传播至距离 r 处所需的时间；

　　　P——距离点源 r 处的声压。

假设在无声衰减的液体介质中一圆盘状声源（以下简称圆盘源）的表面所有质点都以相同的振幅和相位谐振，从而声源发射出单一频率的连续正弦波。圆盘源上各微小元面积都可以看作单一的点源，把所有这些单一点源辐射的声波声压叠加起来就得到合成声波的声压，且液体中声压可以线性叠加，不必考虑声压的方向。故在圆盘源的轴线上对整个圆面积分，即可求得轴线上任一点 Q 的声压 P 为：

$$P = \left\{ 2P_0 \sin\left[\frac{\pi}{\lambda} \left(\sqrt{R_\mathrm{S}^2 + a^2} - a \right) \right] \right\} \sin(\omega t - ka) \tag{2-2}$$

式中　R_S——圆盘源半径；

　　　P——轴线上距离声源 a 处的声压。

圆盘源轴线上声压推导图如图 2-3 所示。

由式（2-2）可知，声压 P 随时间 t 做周期性变化。检测时超声波检测仪测得的信号高度与声压振幅成正比，因此只需要考虑声压振幅：

$$P = 2P_0 \sin \frac{\pi}{\lambda} \left(\sqrt{R_\mathrm{S}^2 + a^2} - a \right) \tag{2-3}$$

式中 P_0——波源的起始声压；

λ——波长；

R_S——波源半径；

a——轴线上 Q 点至波源的距离。

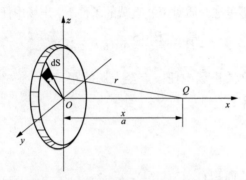

图 2-3　圆盘源轴线上声压推导图

式（2-3）比较复杂，使用不便，经过简化可得式（2-4）（前提条件：$a \geqslant 3R_S^2/\lambda$）：

$$P \approx \frac{P_0 \pi R_S^2}{\lambda a} = \frac{P_0 F_S}{\lambda a} \tag{2-4}$$

式中 F_S——波源面积，$F_S = \pi R_S^2 = \pi D_S^2/4$；

D_S——波源直径。

式（2-4）表明，当 $a \geqslant 3R_S^2/\lambda$ 时，圆盘源轴线上的声压与距离成反比，与波源面积成正比，符合球面波的衰减规律。

波源轴线上的声压随距离变化的情况如图 2-4 中实线所示。

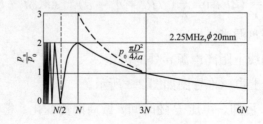

图 2-4　圆盘源轴线上声压分布

从图 2-4 可以看出，当 $a < N$ 时，声压有若干极大值。这是由于在靠近

54

声源处，由声源表面上各点源辐射至轴线上一点的声波因波程差（即相位差）引起相互干涉造成的，其机理将在后面详述。该范围的声场叫作近场或菲涅耳区，最后一个声压极大值至声源的距离称为近场长度 N。距离大于近场长度的声场叫远场或夫琅和费区。在远场中，声压随距离的增加而单调衰减。

近场长度 N 取决于声源的尺寸和声波波长。由式（2-3）可知：

当 $\frac{\pi}{\lambda}(\sqrt{R_S^2+x^2}-x)=(2n+1)\frac{\pi}{2}$，$n=0,1,2,\cdots$时，有声压极大值，在轴线上的坐标 a_m 为：

$$a_m=\frac{4R_S^2-\lambda^2(2N+2)^2}{4\lambda(2N+1)} \tag{2-5}$$

从式（2-5）可以看出，最后的声压极大值对应于 $n=0$，此时至声源的距离 $a=N$，则：

$$N=\frac{R_S^2}{\lambda}-\frac{\lambda}{4} \tag{2-6}$$

当 $R\gg\lambda$ 时，$\lambda/4$ 可以忽略，故：

$$N=\frac{R_S^2}{\lambda}=\frac{D_S^2}{4\lambda} \tag{2-7}$$

式中 D_S——圆盘源直径。

图 2-4 还表示了球面波声压（图中虚线所示曲线）。由图可知，在 $a>3N$ 时，圆盘源轴线上的声压与球面波的声压之间的差别甚小。为了简化计算，当 $a>3N$ 时，声压实际上是按球面波公式计算的；当 $a<3N$ 时，如 $a=2N$，通过计算可知误差近似为 0.1；当 $a=N$ 时，$P_{球}/P=\pi/2\approx1.6$。

（2）圆盘源前足够远处的声压及指向性。圆盘源辐射声场中任意一点 $M(r,\theta)$ 的声压，仍可按上述方法求得，即把声源表面上所有单一点源辐射至 $M(r,\theta)$ 处的声压叠加起来，就得到 $M(r,\theta)$ 点的声压值。

如图 2-5 所示，设在圆盘源表面任意一点 N 处有一面积元 dS（单一点源），它至 M 点的距离为 r'；声源中心至 M 点的距离为 r；声源中心至 dS 的距离为 R，OM 与 z 轴的夹角为 θ，ON 与 x 轴的夹角为 ψ。

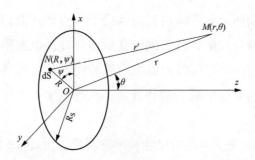

图 2-5　圆盘源声场中任一点的声压推导图

当 $r \gg R_S$ 时，r' 可近似等于：

$$r' \approx r - R\sin\theta\cos\psi \tag{2-8}$$

由式（2-1）叮求得 dS 辐射至 M 点处的声压 dP：

$$dP \approx \frac{P_0}{r}\sin[\omega t - k(r - R\sin\theta\cos\psi)]dS \tag{2-9}$$

式中　dS=RdRdψ。

从而声源表面上所有单一点源辐射至 M 点产生的总声压 $P(r, \theta)$ 为：

$$P(r,\theta) \approx \iint\limits_{0\ \ 0}^{2\pi R}\frac{P_0}{r}\sin[\omega t - k(r - R\sin\theta\cos\psi)]dS \tag{2-10}$$

距离 r' 对点源 dS 辐射至 M 点处的相位和振幅均有影响，为了简化起见，只考虑其对相位的影响，即将上式中 $\frac{P_0}{r}$ 的 r' 改为 r，则：

$$\begin{aligned} P(r,\theta) &= \iint\limits_{0\ \ 0}^{2\pi R}\frac{P_0}{r}\sin[\omega t - k(r - R\sin\theta\cos\psi)]R\,dR\,d\psi \\ &= \left(\frac{P_0 F_S}{\lambda r}\right)\left[\frac{2J_1(kR_S\sin\theta)}{kR_S\sin\theta}\right]\sin(\omega t - kr) \end{aligned} \tag{2-11}$$

同前所述，检测中只需研究声压振幅，故：

$$P(r,\theta) = \left(\frac{P_0 F_S}{\lambda r}\right)\left[\frac{2J_1(kR_S\sin\theta)}{kR_S\sin\theta}\right] \tag{2-12}$$

式中　J_1——第一类第一阶贝塞尔函数。

式（2-12）成立的条件是 $\lambda r/R_S^2 > 3$。

若在圆盘源前足够远处有两点，该两点至声源中心的距离均为 r。其中一点在声源轴线上，即 $\theta = 0$，其声压 $P(r, 0)$ 的表达式为 $P_0 F_S / (\lambda r)$，即式（2-4）；另一点声压 $P(r, \theta)$ 的表达式为式（2-12）。指向系数 D_C 为：

$$D_C = \frac{P(r, \theta)}{P(r, 0)} = \frac{2J_1(kR_S \sin\theta)}{kR_S \sin\theta} \tag{2-13}$$

令 $y = kR_S \sin\theta$，则 $D_C = 2J_1(y)/y$。对于每一个 y 值，即可算出相应的 D_C 值。图 2-6 给出了 D_C 与 y 的关系曲线。

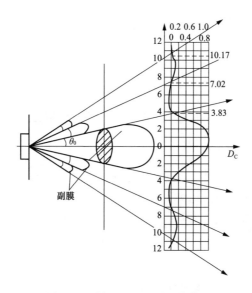

图 2-6　圆盘源 D_C-y 关系曲线图

由图 2-6 可知，当 $y = 3.83$ 时，$D_C = 0$；$y > 3.83$ 时，D_C 的绝对值均小于 0.1。设与 $y = 3.83$ 对应的 θ 角用符号 θ_0 表示，$2\theta_0$ 范围内的声束叫做主声束。从实用考虑，可以认为整个声束就限定在 $2\theta_0$ 范围内。θ_0 则称为半扩散角（第一零值发散角）。θ_0 可按下述方法求得：

$$kR_S \sin\theta_0 = 3.83$$

$$\theta_0 = \arcsin\left(\frac{3.83}{R_S} \times \frac{\lambda}{2\pi}\right) = \arcsin\left(1.22 \times \frac{\lambda}{2R_S}\right) \tag{2-14}$$

声束集中向一个方向辐射的性质，叫作声场的指向性。

对于声场中既不在轴线上，又距声源较近的点，声压的计算很复杂，这里从略。

（3）圆盘源的近场和远场。根据前述及有关理论，可以计算圆盘源声场中各点的声压。图 2-7 和图 2-8 给出了一圆盘源声场中几个横截面上理论计算的结果。

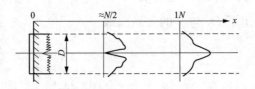

图 2-7　圆盘源（$R_S/\lambda=8$）近场中在
$a=0$，$N/2$，N 横截面上的声压分布图

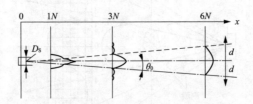

图 2-8　圆盘源（$R_S/\lambda=8$）远场中在
$a=N$，$3N$，$6N$ 横截面上的声压分布图

图 2-7 所表示的是圆盘源直径为 24mm，波长为 1.5mm 时，在连续激励或至少是长脉冲激励下，近场内各横截面上的声压分布。在接近声源（$a\approx0$）处，横截面上的平均声压近似等于声源的起始声压 P_0，除轴线上的声压为零外，其他各点的声压值在平均声压附近有微小的波动。在近场范围内，随着距声源距离的增加，轴线上的声压交替地出现极小值（即 $P=0$）和极大值（即 $P=2P_0$），见图 2-4。由于 $P\approx2P_0\cdot\sin(\pi R_S^2/2\lambda a)$，当 $a=N/2=R_S^2/(2\lambda)$ 时，$P\approx0$，该处是声压极小值点。该极小值点所处的截面上，其周围的声压分布曲线还有极大值。在 $a=N$ 的横截面上只有一个声压极大值，也是轴线上最后一个的声压极大值，其数值为 $2P_0$。

图 2-8 是表示远场声压的分布情况图。由图 2-8 可知，在 $a=N$ 的截面

上声压极大值附近的声压分布曲线是陡峭的，随着距声源距离的增加（如 $a=3N$ 处），极大值附近的声压分布曲线变得平缓了，且极大值两侧出现了多个零点和较小的极大值。同时可以看出，在同一截面上，随着至轴线距离的增加，声压极大值的幅度迅速减小。$a=6N$ 截面上的声压曲线与 $a=3N$ 截面的相比，宽度加倍，但高度降低一半。这表明，声束以一定的角度扩散出去。因此，声压曲线第一个零值点与圆盘源中心点的连线（虚线）和轴线的夹角即为前面所述的半扩散角 θ_0。图 2-8 中，$\lambda/2R_s=\dfrac{1}{16}$，由式（2-14）可知：

$$\theta_0 = \arcsin\left(1.22\frac{\lambda}{2R_s}\right) = \arcsin(1.22/16) \approx 4.3°$$

三、矩形源纵波辐射声场

对于一边长分别为 $2d$ 和 $2b$ 的矩形声源，在前提条件与圆盘源相同的情况下，以图 2-9 所示的坐标系统，应用液体介质中的声场理论，可求得远场一点 Q 处的声压 $P(r,\theta,\psi)$。在 r 足够大的条件，其计算公式为：

$$P(r,\theta,\psi) = \frac{P_0 F_1}{\lambda r} \times \frac{\sin(kd\sin\theta\cos\psi)}{kd\sin\theta\cos\psi} \times \frac{\sin(kb\sin\psi)}{kb\sin\psi} \tag{2-15}$$

式中：F_1——矩形源面积。　　　.

当 $\theta=\psi=0$ 时，从式（2-15）可求得远场轴线上某点的声压 $p(r)$：

$$P(r) = \frac{P_0 F_1}{\lambda r} \tag{2-16}$$

当 $\theta=0$ 时，从式（2-15）可求得通过轴线且平行于矩形源 $2b$ 边的平面内远场某点的声压 $P(r,\psi)$ 为：

$$P(r,\psi) = \frac{P_0 F_1}{\lambda r} \times \frac{\sin(kb\sin\psi)}{kb\sin\psi} \tag{2-17}$$

从而，在该平面内的指向系数 D_r 为：

$$D_r = \frac{p(r,\psi)}{p(r)} = \frac{\sin(kb\sin\psi)}{kb\sin\psi} = \frac{\sin y}{y} \tag{2-18}$$

为了计算方便，在图 2-10 中给出了与 $y=kb\sin\psi$ 对应的 D_r 值。

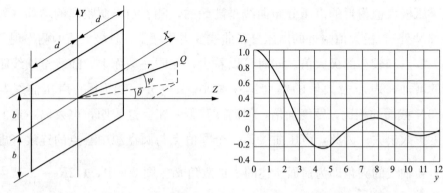

图 2-9　矩形源声场的坐标系统　　　　图 2-10　矩形源 D_{r}-y 关系曲线图

由式（2-18）和图 2-10 可知，当 $y=kb\sin\psi=\pi$ 时，$D_{r}=0$。此时的 ψ 角称为通过轴线且平行于 $2b$ 边的平面内半扩散角，以 ψ_{0} 表示，即：

$$kb\sin\psi_{0}=\pi \tag{2-19}$$

当 ψ_{0} 较小时，式（2-19）可写成：

$$\left.\begin{aligned} &\psi_{0}\approx\frac{\pi}{kb}=\frac{\lambda}{2b}(\mathrm{rad})\\ \text{或}\quad &\psi_{0}\approx\frac{57\lambda}{2b}(°) \end{aligned}\right\} \tag{2-20}$$

当 $\psi=0$ 时，同理可求得通过轴线且平行于 $2d$ 边的平面内半扩散角 θ_{0} 为

$$\left.\begin{aligned} &\theta_{0}\approx\frac{\lambda}{2d}(\mathrm{rad})\\ \text{或}\quad &\theta_{0}\approx\frac{57\lambda}{2d}(°) \end{aligned}\right\} \tag{2-21}$$

矩形源的指向性如图 2-11 所示。$d=b$ 时，主声束呈棱角状，如图 2-11（a）所示；$d<b$ 时，主声束呈扁平状如图 2-11（b）所示。

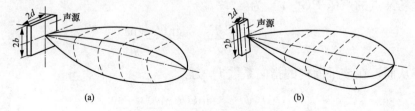

图 2-11　矩形源的指向性

（a）棱角状；（b）扁平状

四、固体中的纵波声场

以上的讨论都是针对液体介质而言的，而在超声检测中遇到的大多是固体介质。下面略述一下固体介质中纵波声场公式，并与液体介质相应的声场公式进行比较。这里讨论的是均匀的各向同性的固体介质，且不考虑介质对声波的衰减。

设声源表面上某一点源 dS 在固体介质中辐射至任一观察点 M 处的声波，促使 M 处质点沿着 dS 与 M 连线（即 r'）方向振动，如图 2-5 所示。若观察点在声源轴线上时，由于声源的轴对称性，则声源表面上各点源在该观察点造成的合成位移是在轴线方向上，即在观察点上位移的叠加是比较简单的，因此可以对声源面积积分，求解合成位移。若观察点距声源足够远，声源表面上所有点源对观察点可以近似地认为产生同一方向（图 2-5 中的 r 方向）的位移，从而也可以对声源面积积分，求解合成位移。对这两种情况，都可以推导出近似的或者比较准确的声场公式，其形式类似于液体介质中相应的声压公式。

若观察点距声源较近且不在轴线上，声源上所有点源在观察点产生不同方向的位移，且在固体介质中靠近声源的声场不单纯是纵波，还有横波存在，这就使声压计算变得非常复杂，本书不再叙述。

下面是对声波无衰减的均匀固体介质中距声源足够远（$r > 3R_s^2/\lambda$）处的声压表达式。

圆盘源（参见图 2-5）声压：

$$P_s(r,\theta) = \frac{K_1 R_S^2}{\lambda r} \times \frac{2J_1(kR_S\sin\theta)}{kR_S\sin\theta} \tag{2-22}$$

矩形源（参见图 2-9）声压：

$$P_s(r,\theta,\psi) = \frac{K_1 db}{\lambda r} \times \frac{\sin(kd\sin\theta\cos\psi)}{kd\sin\theta\cos\psi} \times \frac{\sin(kb\sin\psi)}{kb\sin\psi} \tag{2-23}$$

式中　λ——声波在固体介质中的波长；

K_1——与固体弹性性能、声阻抗、频率、激发强度有关的常数。

其余符号同式（2-12）和式（2-15）。

将固体介质中的声压表达式（2-22）和式（2-23）与液体介质中相应的声

压表达式（2-12）和式（2-15）相比较，可以看出它们的基本形式相同。但是，在推导过程中简化方法有不同之处。以式（2-12）和式（2-22）为例，在处理 r' 参量上（参见图 2-5）都取了近似值。而在推导式（2-22）时，认为圆盘源表面上所有的点源对固体介质声场中某点的位移贡献都在 r 方向上，比推导式（2-12）多取了一次近似，因此式（2-22）的误差比式（2-12）大。由这两式可知，对于同样的 θ 角，在液体和固体介质中得到相同的指向系数 D_c，但固体介质中声场更精确的计算结果表明，在同一发散角下，其指向系数比液体中的小，即在同样条件下，固体介质中的主声束更为集中，如图 2-12 所示。

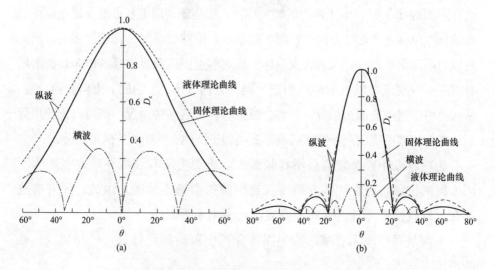

图 2-12　固体介质和液体介质中声源指向性比较

（钢铁 $C_l=5900\text{m/s}$；$C_t=3230\text{m/s}$）

（a）$f=0.5\text{MHz}$，$D_S=20\text{mm}$；（b）$f=1\text{MHz}$，$D_S=20\text{mm}$

由图 2-12 可以看出，θ 角在 20° 以内时，固体介质和液体介质的指向系数 D_c 近似相等，但在固体介质中声场有横波成分。当声源直径与波长的比值较大时，横波成分相对变小如图 2-12（b）所示。

根据上述讨论，在均匀的各向同性的固体介质中，在横波成分可以忽略的情况下，在一定范围内（如 $\theta\leqslant 20°$）时，可以近似引用液体介质中的声场公式。

若用式（2-24）计算圆盘源在固体介质中主声束的半扩散角 θ_0，则与实验结果更符合。

$$\theta_0 = \arcsin\frac{\lambda}{2R_S} \tag{2-24}$$

五、高斯声源的纵波声场

由于圆盘源在近场内的轴线上或横截面上有若干个声压极大值和极小值，因此，在近场内检测时，对缺陷定位、定量都较困难，尤其当声源直径 D_s 与波长 λ 的比值较大时，近场长度较长，对检测影响更大。例如，圆盘源直径为 20mm，频率为 2.5MHz 的纵波探头探测钢材（即 $\lambda=2.34mm$）时，近场长度在 40mm 以上，这时在 40mm 内检测就较困难。

近场内之所以有若干声压极大值、极小值和副瓣波束，是由于声波的干涉造成的，而声源的边缘区域对此起着主要作用。如果能使声源的激发自中心向边缘逐渐减弱，即采用非均匀激发声源，就能改善近场内的声压分布。在检测中实际使用的圆盘状压电晶片，其边缘区域比中心部分的激发强度较弱。图 2-13（a）给出了一般声源（圆盘状压电晶片）的激发曲线和对应的近场声压曲线。由图 2-13 可以看出，实际上圆盘状压电晶片的近场轴线上的声压极大值和极小值的数目比理论上少，且声压极大值小于 $2P_0$，极小值大于零。实际的声压分布曲线与声源的形式，形状及探头安装有关。

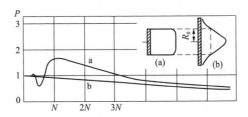

图 2-13 非均匀激发声源横截面上的激发曲线和轴线上的声压曲线

如果以高斯钟形曲线表示的激发强度来激发声源，则可以从根本上改善近场内的声压分布。高斯曲线可用式（2-25）描述：

$$f(\rho) = e^{-\frac{\rho^2}{R_0^2}} \tag{2-25}$$

式中　ρ——以声源中心为零点的径向坐标（恒为正的变量）；

R_0——常数；

$f(\rho)$——高斯函数。

高斯激发曲线和声压分布如图 2-13 中曲线 b 所示。实际中采用在圆盘状压电晶片上附以菊形电极（即所谓高斯声源）来实现高斯函数激发，如图 2-14 所示。

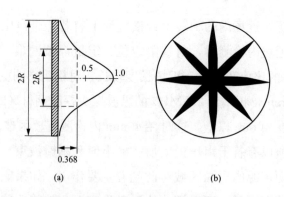

图 2-14　高斯声源

(a) 高斯声源的强度分布；(b) 菊形电极

压电圆盘和菊形电极的直径为 $4R_0$，其有效直径为 $2R_0$，即其声场特性近似等效于直径为 $2R_0$ 的圆盘源。

高斯声源轴线上的声压 p_g 由式（2-26）决定：

$$P_g = P_0 / \sqrt{\left(\frac{A}{\pi}\right)^2 + 1} \tag{2-26}$$

式中　A——归一化距离，$A = a/N$，N 为等效圆盘源的近场长度（R_0^2/λ），

　　　　a 为轴线上一点至声源的距离。

在距离相同的条件下，声压减小到轴线上声压的 30% 时的半扩散角可由式（2-27）决定：

$$\sin\theta_{30} = 1.22 \times \frac{\lambda}{2R_0} \tag{2-27}$$

从图 2-13 及式（2-26）可知，在 3 倍近场区以内，高斯探头与等效直径的一般圆盘源相比，轴线上的声压降低了许多。由式（2-27）可知，高斯探头的主声束比等效直径的一般圆盘源更发散。

六、半扩散角

从假想横波声源辐射的横波声束同纵波声场一样，具有良好的指向性，

可以在被检材料中定向辐射，只是声束的对称性与纵波声场有所不同，如图 2-15 所示。

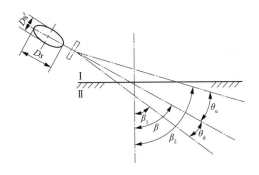

图 2-15　横波声场半扩散角

在第二介质中产生横波声场，其声束不再对称于声束轴线，而是存在上下两个半扩散角，其中上半扩散角 θ_u 大于声束下半扩散角 θ_d：

$$\theta_u = \beta_2 - \beta \tag{2-28}$$

$$\theta_d = \beta - \beta_1 \tag{2-29}$$

$$\sin\beta_1 = a - b, \quad \sin\beta_2 = a + b \tag{2-30}$$

$$a = \sin\beta\sqrt{1 - \left(\frac{1.22\lambda_{L_1}}{D_s}\right)^2} \tag{2-31}$$

$$b = \frac{1.22\lambda_{L_1}c_{s2}}{D_s c_{L_1}}\cos\alpha \tag{2-32}$$

下面举例说明横波和纵波声场半扩散角的比较。

例 1：用 2.5MHz、$\phi14K_2$ 横波斜探头检测钢制工件，已知探头中有机玻璃纵波声速 $c_{L_1} = 2730\text{m/s}$，钢中横波声速 $c_{s_2} = 3230\text{m/s}$，求钢中横波声场的半扩散角。

解：① 有机玻璃中纵波波长：

$$\lambda_{L_1} = \frac{c_{L_1}}{f} = \frac{2.73}{2.5} \approx 1.09\text{mm}$$

② 钢中横波波长：

$$\lambda_2 = \frac{c_{s_2}}{f} = \frac{3.23}{2.5} \approx 1.29\text{mm}$$

③ 过轴线与入射平面垂直的平面内：

$$\theta_0 = 70 \frac{\lambda_{s_2}}{D_S} = 70 \times \frac{1.29}{14} \approx 6.45°$$

④ 入射平面内半扩散角 $\theta_{上}$、$\theta_{下}$：

由 $K = \tan\beta = 2$ 得：$\beta = 63.4°$

由 $\frac{\sin\alpha}{\sin\beta} = \frac{c_{L_1}}{c_{s_2}}$ 得：$\alpha = \arcsin\left(\frac{2.73}{3.23} \times \sin63.4°\right) = 49.1°$

$$a = \sin\beta \sqrt{1 - \left(\frac{1.22\lambda_{L1}}{D_s}\right)^2} = 0.895 \times \sqrt{1 - \left(\frac{1.22 \times 1.09}{14}\right)^2} = 0.89°$$

$$b = \frac{1.22\lambda_{L1}c_{s2}}{D_s c_{L1}}\cos\alpha = \frac{1.22 \times 1.09 \times 3.23}{14 \times 2.73} \times \cos49.1° = 0.044$$

$$\beta_1 = \arcsin(a - b) = \arcsin(0.89 - 0.044) = 57.8°$$

$$\beta_2 = \arcsin(a + b) = \arcsin(0.89 + 0.044) = 69.1°$$

$$\theta_u = \beta_2 - \beta = 69.1° - 63.4° = 5.7°$$

$$\theta_d = \beta - \beta_1 = 63.4° - 57.8° = 5.6°$$

计算结果如图 2-16 所示。

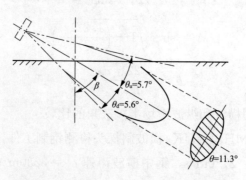

图 2-16　2.5MHz、$\phi 12K_2$ 斜探头半扩散角

例 2：用 2.5MHz、$\phi 12$ 纵波直探头检测钢工件，钢中 $c_L = 5900m/s$，求其半扩散角。

解：$\lambda_L = \frac{c_L}{f} = \frac{5.9}{2.5} = 2.36mm$

$$\theta_0 = 70 \frac{\lambda_L}{D_S} = 70 \times \frac{2.36}{12} \approx 13.8°$$

由上述两个例子可以看出，在其他条件相同时，横波声束的指向性比纵波好，横波能量更集中一些。

七、爬波探头的声场

（1）爬波的产生。当斜探头以第一临界角（在有机玻璃/钢界面，约为27°）入射时，纵波以平行于界面沿表面下传播，为了与纵波和横波区别，把横波和纵波叠加后能量最集中的前沿称为纵爬波，简称爬波。有的学者把它命名为次表面弹性波，头波、侧向波、蠕动纵波或快速表面波。用得较多的名称有次表面波和爬波。

（2）爬波声场的结构。当入射角 $\alpha = \arcsin\dfrac{c_{l1}}{c_{l2}}$ 时，纵波的折射角等于90°时，就会在第二种介质中激发爬波，此时的入射角 α 就称为第一临界角。爬波的产生和声场特性如图 2-17 所示。

由图 2-17 所示的爬波探头声场示意图可知，爬波探头所激发的声场具有多波形的特征，在产生爬波的同时还产生比较强的横波和头波。根据折射定律，压电晶片产生的纵波从一种材料（介质Ⅰ）斜入射到被检测材料（介质Ⅱ）中，在介质Ⅱ中产生纵波和横波，它们角度有如下关系：

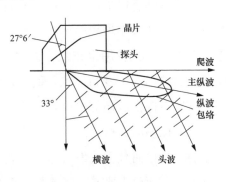

图 2-17　爬波声场示意图

$$\frac{C_{L_1}}{\sin\alpha_{L_1}} = \frac{C_{L_2}}{\sin\beta_{L_2}} = \frac{C_{S_2}}{\sin\beta_{S_2}} \tag{2-33}$$

若介质Ⅰ为有机玻璃楔块，介质Ⅱ为钢，在有机玻璃楔块和钢中的纵波波速分别是 2720m/s 和 5900m/s，根据式（2-33）可以计算出第一临界角为 27.6°，横波从探头入射点处以 33°左右的折射角向前传播；头波是表面下的纵波向前传播过程中不断辐射出的横波，所以头波的入射点是不固定的。

（3）爬波的特点。爬波由于其在表面下传播的特性，使其在传播过程中，受固体上表面状况（如粗糙度、油膜、附着层等）干扰较小，有利于检测表面下的缺陷。根相关文献，改变爬波探头的频率和晶片大小乘积 fD 值，可以改变探头对表面下缺陷的敏感程度。爬波速度与纵波速度相近，约为纵波的 0.9 倍，因为头波的原因，爬波再向前传播的过程中，衰减速度很快，通常检测距离在几十毫米左右。通过双晶片一发一收的探头模式可以提高探头的灵敏度。

第三节　磁粉检测法原理

磁粉探伤，是通过磁粉在缺陷附近漏磁场中的堆积检测铁磁性材料表面或近表面处缺陷的一种无损检测方法，是将钢铁等磁性材料制作的工件予以磁化，利用其缺陷部位的漏磁能吸附磁粉的特征，磁粉改变分布，来显示被探测物件表面缺陷和近表面缺陷的探伤方法。该探伤方法的特点是简便、显示直观。

磁粉探伤有以下优点：对钢铁材料或工件表面裂纹等缺陷的检验非常有效；设备和操作均较简单；检验速度快，便于在现场对大型设备和工件进行探伤；检验费用也较低。同时也有以下缺点：仅适用于铁磁性材料；仅能显出缺陷的长度和形状，而难以确定其深度；对剩磁有影响的一些工件，经磁粉探伤后还需要退磁和清洗。

磁粉探伤的灵敏度高、操作方便。但它不能发现铸件内的部分和导磁性差的材料，而且不能发现铸件内部较深处的缺陷。在工序上，铸件、钢铁材被检表面要求光滑，需要打磨后才能进行。

一、磁场与磁感应线

（1）磁场。磁体间的相互作用是通过磁场来实现的。具有磁力作用的区域称为磁场，磁场存在于被磁化物体或通电导体的内部和周围。磁场的特征是对运动电荷（或电流）具有作用力，在磁场变化的同时也产生电场。

1）周向磁场。马蹄形磁铁具有 N 极和 S 极，磁感应线从 N 极出发穿过空气进入 S 极，在磁铁内部，磁感应线从 S 极到 N 极闭合，它的两极能吸引铁磁性材料。

将马蹄形磁铁弯曲，使两磁极靠得很近，磁极间距变小，磁感应线离开磁极 N，穿过空气又重新进入磁极 S，产生磁场，磁场能强烈地吸附磁粉。

当磁铁两端再弯曲，两极熔合形成一个圆环，此时磁铁内既无磁极，又不产生磁场，因而不能吸引铁磁性材料，但在磁铁内包含了一个圆周磁场或已被周向磁化。

如果已经被周向磁化零件的表面或近表面存在与磁感应线垂直的裂纹，则在裂纹两侧立即产生 N 极和 S 极，形成漏磁场，吸附磁粉形成磁痕，显示出裂纹缺陷。

2）纵向磁场。如果将马蹄形磁铁校直为条形磁铁，在其两端是 N 极和 S 极，能强烈地吸附磁粉，说明该条形磁铁已被纵向磁化。

如果磁感应线被不连续性或裂纹阻断而在其两侧形成 N 极和 S 极，则产生漏磁场，吸附磁粉形成磁痕，从而显示出不连续性或裂纹，这就是磁粉检测的基础。

（2）磁感应线。为了形象地表示磁场的大小、方向和分布情况，用假想的磁感应线来反映磁场中各点的磁场强度和方向，如可用小磁针来描述条形磁铁的磁感应线分布。

小磁针在磁力的作用下都有一定的取向，小磁针 N 极的指向代表磁场的方向，顺着许多小磁针排列的方向，可以画出磁感应线的分布。在磁感应线上每点的切线方向都与该点的磁场方向一致。单位面积上的磁感应线数目与磁场的大小成正比，因此，可用磁感应线的疏密程度反映磁场的大小。在磁感应线密的地方磁场大，在磁感应线稀的地方磁场就小。

磁感应线具有以下特性：①磁感应线是具有方向性的闭合曲线。在磁体内，磁感应线是由 S 极到 N 极，在磁体外，磁感应线是由 N 极出发，穿过空气进入 S 极的闭合曲线。②磁感应线互不相交。③磁感应线可描述磁场的大小和方向。④磁感应线沿磁阻最小路径通过。⑤磁感应线的疏密程度反映了磁场的强弱。

二、描述磁场的基本物理量

描述磁场的基本物理量包括磁场强度、磁通量和磁通密度，现将其定义和单位列于表 2-1。

表 2-1　　　　　　　　　　　　磁 场 的 基 本 物 理 量

物理量	定义	国际单位	公制单位	单位换算
磁场强度 H	在磁场里任意一点放一个单位磁极（N 极），作用于该单位磁极的磁力大小表示该点的磁场大小，磁感应线上每点的切线方向代表磁场的方向	安（培）每米，A/m	奥斯特，Oe	$1A/m \approx 0.0125Oe$ $1Oe \approx 80A/m$
磁通量 ϕ	垂直穿过某一截面的磁感应线条数，又称为磁通	韦（伯），Wb	麦（克斯韦），Mx	$1Wb = 10^8 Mx$ $1Mx = 10^{-8} Mx$
磁通密度 B	垂直穿过单位面积上的磁通量（或磁感应线条数），又称为磁感应强度	特（斯拉），T	高（斯），Gs	$1T = 10^4 Gs$ $1Gs = 10^{-4} T$

磁场强度与磁感应强度不同的是，磁场强度只与激磁电流有关，与被磁化的物质无关。而磁感应强度不仅与磁场强度有关，还与被磁化的物质有关，如与材料磁导率有关，因为 $B = H$，所以铁磁性材料的磁导率 μ 越大，磁感应强度 B 就越大，这就是铁磁性材料的磁感应强度 B 远大于磁场强度 H 的原因。

三、磁介质

（1）磁介质的分类。能够使磁场的分布发生变化的物质称为磁介质。各种宏观物质都会对磁场产生不同程度的影响，因此，可以说各种物质都是磁介质。磁介质的分类见表 2-2。

表 2-2　　　　　　　　　　　　磁 介 质 的 分 类

分类	特性	代表性物质
顺磁性物质	能被磁体轻微吸引，其相对磁导率 μ_r 略大于 1，在外加磁场中呈现出微弱的磁性	铝、铬、锰等
抗磁性物质	能被磁体轻微吸引，其相对磁导率 μ_r 略大于 1，在外加磁场中呈现出微弱的磁性	铜、银、金等
铁磁性物质	能被磁体轻微吸引，其相对磁导率 μ_r 略大于 1，在外加磁场中呈现出微弱的磁性	铁、钴、镍及其合金等

通常把顺磁性物质和抗磁性物质统称为非磁性材料。只有铁磁性材料

才能采用磁粉检测。

（2）磁导率。磁导率分为绝对磁导率、真空磁导率和相对磁导率，其区别见表 2-3。

表 2-3　　　　　　　　　　　　各 种 磁 导 率 的 区 别

名称	定义	特性
绝对磁导率 μ	磁感应强度 B 与磁场强度 H 的比值称为绝对磁导率，常简称为磁导率	磁导率表示材料被磁化的难易程度，它反映了材料的导磁能力。磁导率不是常数，而是随磁场大小不同而改变的变量，有最大值和最小值
真空磁导率 μ_0	真空中的磁导率称为真空磁导率	真空磁导率是一个不变的恒定值
相对磁导率 μ_r	把任一种材料的绝对磁导率和真空磁导率的比值，叫作该材料的相对磁导率	可以用来比较各种材料的磁导率的大小

四、钢铁材料的磁化

（1）磁特性曲线。初始磁化曲线是表征铁磁性材料磁特性的曲线，常用 B-H 的关系曲线来表示。

实验表明，铁磁性物质的磁化曲线有以下特点：设磁化前铁磁性物质为磁中性，铁磁环中 $H=0$，$B=0$。当磁场 H 逐渐增加时，B 随之增加，开始增加地比较缓慢，然后经过一段急剧上升的过程（ab 段），又进入缓慢变化的阶段（bQ 段），这时再继续增大磁场，B 却几乎不变（Qm 段），铁磁性物质已磁化到饱和。从磁中性状态（O 点）开始，单向地逐渐增大磁场 H，直到饱和磁化，把材料在各个过程中经过的状态点（H，B）连起来，就得到初始磁化曲线，即 labor 曲线，如图 2-18 所示。

下面对几个磁化阶段分别加以说明。Oa 段：这一段称为初始磁化区，在这个区域内，磁环中的磁感应强度随其中的磁场强度 H 的增加缓慢增加，并且磁化是可逆的，即磁化到 a 点，如磁场强

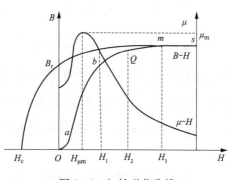

图 2-18　初始磁化曲线

度 H 又逐渐减小到零，则试件中的磁感应强度 B 沿 aO 曲线缓慢减小到零。

ab 段：磁化强度 M 随磁场强度 H 增加急剧增大，此时若去掉磁场，磁感应强度 B 不再回到零，而保留相当大的剩磁。因此，ab 段称为不可逆的急剧磁化区。

bQ 段：磁感应强度 B 随 H 的增加开始减慢，这段称为旋转磁化区。

Qm 段：随 H 的增加，磁感应强度 B 变化很小，这个区域称为趋近饱和区。过了 m 点以后，H 增加时 B 几乎不再增加，这时铁磁性材料已经达到饱和对应的 B_m，称为饱和磁感应强度。

不同铁磁性材料的初始磁化曲线是不一样的，软磁材料（如工业纯铁、低碳钢等）的磁化曲线比较陡峭，说明这种材料易于磁化；硬磁材料（如高碳钢、高合金钢等）的磁化曲线比较平坦，说明这种材料不易磁化。

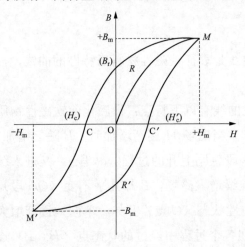

图 2-19　磁滞回线

（2）磁滞回线。描述磁滞现象的闭合磁化曲线叫磁滞回线，如图 2-19 所示。当铁磁性材料在外加磁场磁化到 M 点时，减小磁场强度到零，磁感应强度并不沿曲线 $M\text{-}O$ 下降，而是沿曲线 $M\text{-}R$ 降到 R 点，这种磁感应强度变化滞后于磁场强度变化的现象叫磁滞现象，它反映了磁化过程的不可逆性。当磁场强度增大到 M 点，磁感应强度不再增加。得到的 $O\text{-}M$ 曲线称为初始（起始）磁化曲线。当外加磁场强度 H 减小到零时，保留在材料中的磁性，称为剩余磁感应强度，简称剩磁，用 B_r 表示，如图中的 $O\text{-}R$ 和 $O\text{-}R'$。为了使剩磁减小到零，必须施加一个反向磁场强度，使剩磁降为零所施加的反向磁场强度称为断顽力，用 H_c 表示，如图中的 $O\text{-}C$ 和 $O\text{-}C'$。

如果反向磁场强度继续增加，材料就呈现与原来方向相反的磁性，同

样可达到饱和点 m，当 H 从负值减小到零时，材料具有反方向的剩磁 $-B_r$ 即 $O\text{-}R'$。磁场经过零值后再向正方向增加时，为了使 $-B_r$ 减小到零，必须施加一个反向磁场强度，如图中的 $O\text{-}C''$，磁场在正方向继续增加时曲线回到 M 点，完成一个循环，如图中的 $M\text{-}R\text{-}C\text{-}M'\text{-}R'\text{-}C''\text{-}M$，即材料内的磁感应强度 B 是一条对称于坐标原点的闭合磁化曲线，称为磁滞回线。只有交流电才产生这种磁滞回线。

图 2-19 中 $\pm B_m$ 为饱和磁感应强度，表示工件在饱和磁场强度 $\pm H_m$。磁化下 B 达到饱和，不再随 H 的增大而增大，对应的磁畴全部转向与磁场方向一致。α 为初始磁化曲线的切线与 H 轴的夹角，$\alpha = \arctan(B/H)$，α 大小反映铁磁性材料被磁化的难易程度。

根据上面阐述，可归纳出铁磁性材料具有以下特性：

1）高导磁性。能在外加磁场中强烈地磁化，产生非常强的附加磁场，它的磁导率很高，相对磁导率可达数百甚至数千。

2）磁饱和性。铁磁性材料由于磁化所产生的附加磁场，不会随外加磁场的增加而无限地增加，当外加磁场达到一定程度后，全部磁畴的方向都与外加磁场的方向一致，磁感应强度 B 不再增加，呈现磁饱和。

3）磁滞性。当外加磁场的方向发生变化时，磁感应强度的变化滞后于磁场强度的变化。当磁场强度减小到零时，铁磁性材料在磁化时所获得的磁性并不完全消失，而保留了剩磁。

（3）铁磁性材料的分类。根据矫顽力 H_c 的大小，铁磁性材料可分为软磁材料和硬磁材料两大类如表 2-4 所示。

表 2-4   铁磁性材料的分类

分类	划分方法	特点
硬磁材料	矫顽力大于等于 8000A/m	磁滞回线狭长，具有高导磁率、低剩磁、高矫顽力和低磁阻。容易磁化，也易于退磁
半硬磁材料	矫顽力大于 400A/m 且小于 8000A/m	介于软磁材料与硬磁材料之间
软磁材料	矫顽力小于等于 400A/m	磁滞回线肥大，具有低磁导率、高剩磁、低矫顽力和高磁阻。难以磁化，也难以退磁

五、电流的磁场

(1) 通电圆柱导体的磁场。

1) 磁场方向。当电流流过圆柱导体时，产生的磁场是以导体中心轴线为圆心的同心圆，在半径相等的同心圆上，磁场强度相等。

实验证明：磁场的方向与电流方向有关，当导体中的电流方向改变时，磁场的方向也随之改变，其关系可用右手定则确定。用右手握住导体，使拇指指向电流方向，其余四指卷曲的指向就是磁场的方向。

2) 磁场强度计算：通电圆柱导体表面及其外部 r 处（$r \geqslant R$）的磁场强度与圆柱导体中通过的电流成正比，而与该处至导体中心轴线的距离 r 成反比：

$$H = \frac{I}{2\pi r} \tag{2-33}$$

式中　H——磁场强度，A/m；

　　　I——通过导体的电流，A；

　　　R——测量点离导体中心轴线的距离，m。

3) 交流电磁化与直流电磁化。用交流电和直流电磁化同一钢棒时，其共同点是：①在钢棒中心处，磁场强度为零。②在钢棒表面，磁场强度达到最大。③离开钢棒表面，磁场强度随 r 的增大而下降。

其不同点是：直流电磁化，从钢棒中心到表面，磁场强度是直线上升到最大值；交流电磁化，由于集肤效应，只有在钢棒近表面才有磁场强度，并缓慢上升，而在接近钢棒表面时，迅速上升达到最大值。

用交流电和直流电磁化同一钢棒时，磁感应强度分布与上述的不同点是：由于钢棒的磁导率高，又因为 $B = \mu H$，所以 B 远大于 H，B_m 远大于 H_m。离开钢棒表面，在空气中，$\mu_r \approx 1$，$B \approx H$，所以磁感应强度突降后与磁场强度变化趋势重合。

(2) 通电钢管中的磁场。

1) 钢管通电法。对钢管采用通电法磁化时，其内表面的磁场强度为零，外表面的磁场强度最大。钢管外表面磁场强度的大小与同直径的通电钢棒表面的磁场强度相等，故此法不能检测钢管内壁的表面缺陷。

2）钢管中心导体法磁化。用直流电中心导体法磁化同一钢管时，在钢管内是空气，由于铜棒 $\mu_r\approx1$，所以只存在磁场强度 H。

在钢管上由于 $\mu_r\gg1$，所以能感应产生较大的磁感应强度。因为 $H=I/2\pi r$，钢管内半径比外半径小，因而钢管内壁较外壁磁场强度和磁感应强度都大，探伤灵敏度高。离开钢管外表面，在空气中，$\mu_r\approx1$，$B\approx H$，所以磁感应强度突降后，与磁场强度变化趋势重合。

六、漏磁场

（1）漏磁场的形成。所谓漏磁场，就是铁磁性材料磁化后，在不连续性处或磁路的截面变化处，磁感应线离开和进入表面时形成的磁场。

漏磁场形成的原因是空气的磁导率远远低于铁磁性材料的磁导率。如果在磁化了的铁磁性工件上存在着不连续性或裂纹，则磁感应线优先通过磁导率高的工件，这就迫使一部分磁感应线从缺陷下面绕过，形成磁感应线的压缩。但是，工件上这部分可容纳的磁感应线数目也是有限的，所以，一部分磁感应线从不连续性中穿过。由于不连续性的磁导率很低，只能通过很少的磁感应线，迫使另一部分磁感应线从工件表面几乎垂直地进入空气中，绕过缺陷又折回工件，形成了漏磁场。

缺陷处产生漏磁场是磁粉检测的基础。但是磁场是看不见的，还必须有显示或检测漏磁场的手段。磁粉检测是通过漏磁场引起磁粉聚集形成的磁痕显示进行检测的。漏磁场对磁粉的吸引可看成是磁极的作用，如果在磁极区有磁粉，则将被磁化，也呈现出 N 极和 S 极，并沿着磁感应线排列起来。当磁粉的两极与漏磁场的两极相互作用时，磁粉就会被吸引并加速移到缺陷上去。漏磁场的磁力作用在磁粉微粒上，其方向指向磁感应线最大密度区，即指向缺陷处。

漏磁场的宽度要比缺陷的实际宽度大数倍至数十倍，所以，磁痕对缺陷宽度具有放大作用，能将目视不可见的缺陷变成目视可见的磁痕，使之容易被观察出来。

磁粉除了受漏磁场的磁力之外，还受重力、液体介质的悬浮力、摩擦力、磁粉微粒间的静电力与磁力的作用，磁粉在这些合力作用下，最终被漏磁场吸引到缺陷处。

（2）影响漏磁场的因素。漏磁场的大小，对检测缺陷的灵敏度至关重要。由于真实的缺陷具有复杂的几何形状，准确计算漏磁场的大小是难以实现的，测量又受试验条件的影响，所以，定性地讨论影响漏磁场的规律和因素具有很重要的意义。

1）外加磁场强度的影响。缺陷的漏磁场大小与工件磁化程度有关，从铁磁性材料的磁化曲线得知，外加磁场大小和方向直接影响磁感应强度的变化，一般来说，外加磁场强度一定要大于 $H\mu_m$，即选择在产生最大磁导率 μ_m 对应的 H_m 点右侧的磁场强度值，此时磁导率减小，磁阻增大，漏磁场增大。当铁磁性材料的磁感应强度达到饱和值的 80% 左右时，漏磁场便会迅速增大。

2）缺陷位置及形状的影响。缺陷埋藏深度的影响。缺陷的埋藏深度，即缺陷上端距工件表面的距离，对漏磁场的产生有很大的影响。同样的缺陷，位于工件表面时，产生的漏磁场大；若位于工件的近表面，产生的漏磁场显著减小；若位于距工件表面很深的位置，则工件表面几乎没有漏磁场存在。

缺陷方向的影响。缺陷的可检出性取决于缺陷延伸方向与磁场方向的夹角，当缺陷垂直于磁场方向时，漏磁场最大，也最有利于缺陷的检出，灵敏度最高，随着夹角由 90°减小，灵敏度下降；若缺陷与磁场方向平行或夹角小于 30°，则几乎不产生漏磁场，不能检出缺陷。

缺陷深宽比的影响。同样宽度的表面缺陷，如果深度不同，产生的漏磁场也不同。在一定范围内，漏磁场的增加与缺陷深度的增加几乎呈线性关系。当深度增大到一定值后，漏磁场增加变得缓慢。

当缺陷的宽度很小时，漏磁场随着缺陷宽度的增加而增加，并在缺陷中心形成条磁痕；当缺陷的宽度很大时，漏磁场反而下降，如表面划伤又浅又宽，产生的漏磁场很小，在缺陷两侧形成磁痕，而缺陷根部没有磁痕显示。

缺陷的深宽比是影响漏磁场的一个重要因素，缺陷的深宽比越大，漏磁场越大，缺陷越容易检出。

3）工件表面覆盖层的影响。工件表面的非铁磁性覆盖层对缺陷漏磁场也有定的影响。当覆盖层厚度增加时，漏磁场的强度将减弱。例如厚的漆层，漏磁场不能泄漏到覆盖层之上，所以不吸附磁粉，没有磁痕显示，磁粉检测就会漏检。

4）工件材料及状态的影响。根据化学成分的不同，钢材分为碳素钢和合金钢。碳素钢是铁和碳的合金，含碳量小于 0.25％称为低碳钢，含碳量在 0.25％～0.60％称为中碳钢，含碳量大于 0.60％称为高碳钢。碳素钢的主要组织是铁素体珠光体、碳体、马氏体和残余奥氏体。铁素体和马氏体呈现铁磁性；渗碳体呈现弱磁性；珠光体是铁素体与碳体的混合物，具有一定的磁性；奥氏体不呈现磁性。合金钢是在碳素钢中加入各种合金元素而成。

钢的主要成分是铁，因而具有铁磁性。但 $1Cr_{18}Ni_9$ 和 $1Cr_{18}Ni_9Ti$ 室温下属于奥氏体不锈钢，没有磁性，不能进行磁粉检测。高铬不锈钢如 $1Cr_{13}$、$Cr_{17}Ni_2$，室温下的主要成分为铁素体和马氏体，具有一定的磁性，能够进行磁粉检测。另外，沉淀硬化不锈钢也有磁性，能够进行磁粉检测。

钢铁材料的晶格结构不同，磁特性便有所变化。面心立方晶格的材料是非磁性材料，而体心立方晶格的材料是铁磁性材料。但体心立方晶格如果发生变形，其磁性也将发生很大变化。例如，当合金成分进入晶格，以及冷加工或热处理使晶格发生畸变时，磁性都会改变。

矫顽力与钢的硬度有着对应的关系，即随着硬度的增大而增大，漏磁场也增大。下面列举工件材料和状态对磁场的影响。

晶粒大小的影响。晶粒越大，磁导率越大，矫顽力越小，漏磁场越小；相反，晶粒越小，磁导率越小，矫顽力越大，漏磁场也越大。

含碳量的影响。对碳素钢来说，对磁性影响最大的合金成分是碳，随着含碳量的增加，矫顽力几乎呈线性增加，相对磁导率则随着含碳量的增加而下降，漏磁场也增大，见表2-5。

表 2-5　　　　　　　　　　含碳量对钢材磁性的影响

钢牌号	含碳量（%）	状态	矫顽力 H_c（A/m）	相对磁导率 μ_r
40	0.4	正火	584	620
D—60	0.6	正火	640	522
T10A	1.0	正火	1040	439

热处理的影响。钢材处于退火与正火状态时，其磁性差别不很大，而退火与淬火状态的差别却是较大的。淬火可提高钢材的矫顽力和剩磁，而使漏磁场增大。但火后随着回火温度的升高，材料变软，矫顽力降低，漏磁场也降低，如 40 钢。

在正火状态下矫顽力为 584A/m；在 860℃水，300℃回火，矫顽力为 1520A/m，提高回火温度到 460℃时，矫顽力则降为 720A/m。

合金元素的影响。由于合金元素的加入，材料硬度增加，矫顽力也增加，所以漏磁场也增加。如正火状态的 40 钢和 40Cr 钢，矫顽力分别为 584A/m 和 1256A/m。

冷加工的影响。冷加工如冷拔、冷轧、冷校和冷挤压等加工工艺，将使材料表面硬度增加和矫顽力增大。随着压缩变形率增加，矫顽力和剩磁均增加，漏磁场也增大。

第四节　射线检测法原理

X 射线是一种波长介于紫外线和 γ 射线间的电磁辐射。X 射线产生的最简单方法是用加速后的电子撞击金属靶。撞击过程中，电子突然减速，其损失的动能（其中的 1%）会以光子形式放出，形成 X 光光谱的连续部分，称之为制动辐射。通过加大加速电压，电子携带的能量增大，则有可能将金属原子的内层电子撞出，于是内层形成空穴，外层电子跃迁回内层填补空穴，同时放出波长在 0.1nm 左右光子。由于外层电子跃迁放出的能量是量子化的，所以放出的光子的波长也集中在某些部分，形成了 X 光谱中的特征线，此称为特性辐射。

X 射线具有以下性质：在真空中以光速直线传播；本身不带电，不受电场和磁场的影响；在媒质界面上只能发生漫反射，而不能像可见光那样产生镜面反射；可以发生干涉衍射现象，但只能在非常小的光栅中才会发生；不可见，能够穿透可见光不能穿透的物质；在穿透物质中，会与物质发生复杂的物理化学作用；具有辐射生物效应，能够杀伤生物细胞，破坏生物组织。

X射线在穿透物体时，会与物体的材料发生相互作用，因吸收和散射能力不同，使透射后射线减弱的强度不同，强度衰减程度取决于穿透物体的衰减系数和射线的穿透厚度，如果被透照物体的局部存在厚度差，该局部区域的透过射线强度会与周围产生差异，感光胶片就会反映出这种差异，因而可以检测出X射线穿透物体有无缺陷及缺陷的尺寸、形状，结合工作经验能够判断出缺陷的性质。如穿透物体内部有裂纹，感光后胶片接受的穿透X射线就多，曝光量就大，该处的胶片就呈黑色的裂纹影像，无裂纹处则呈白色。

下面介绍射线检测的物理基础：

一、原子与原子结构

（1）元素与原子。

1）元素。元素是具有相同核电荷数（质子数）的同一类原子的总称。元素是不可用化学方法再分的最简单的物质。世界上一切物质都是由元素构成的。迄今为止，已发现的元素有110多种，其中天然存在的有90多种，其余的均为人工制造的元素。

为便于表达和书写，每种元素都用特定的符号来表示，称作元素符号。元素符号采用该元素拉丁文名称第一个字母的大写，或再附加一个小写字母。例如，氧的元素符号是O；铁的元素符号是Fe等。

2）原子。原子是元素的具体存在，是体现元素性质的最小微粒。在化学反应中，原子的种类和性质不会发生变化。

原子由一个原子核和若干个核外电子组成。原子核带正电荷，位于原子中心，核外电子带负电荷，在原子核周围高速运动。原子核所带的正电荷与核外电子所带的负电荷数量相同，所以整个原子呈电中性。

原子核由质子和中子组成。质子是一种物质微粒，其质量为 1.673×10^{-27} kg，带有一个单位正电荷，电量为 1.602×10^{-19} C。中子也是一种物质微粒，其质量为 1.6748×10^{-27} kg，不带电荷。电子是一种比质子和中子小得多的物质微粒，其质量仅有 9.1095×10^{-31} kg，是原子质量的 1/1836，带有一个单位的负电荷。

原子的质量很小，以常用质量单位来表示很不方便，因此，物理学中采用原子质量单位，用符号 u 表示，即规定碳同位素 $^{12}_{6}C$ 原子质量的 1/12 为 1u，而原子量就是某元素的原子的平均质量相对于 $^{12}_{6}C$ 质量的 1/12 的比值。照此规定，氢元素的原子量为 1，氧元素的原子量为 16。

元素周期表中，元素的次序是按核电荷数排列的，因此，周期表中的原子序数 Z 等于核电荷数。

质子数、中子数、原子量和原子序数存在下述关系：

质子数＝原子序数；

原子量＝质子数＋中子数；

中子数＝原子量－质子数＝原子量－原子序数 Z。

元素标准的书写方法是将原子量标注于元素符号的左上角，核电荷数标注于左下角，例如，$^{60}_{27}Co$，即表示钴元素中原子量为 60 的钴原子，其核电荷数为 27。在工程应用时可直接书写元素名称或符号和原子量来表示某一元素，例如写为：钴 60 或 Co60。

3）同位素。同一种元素的原子必定具有相同的核电荷数，即核内的质子数相同，但核内的中子数却可以不同。例如，氢元素有三种原子：$^{1}_{1}H$（气）；$^{2}_{1}H$（氘）；$^{3}_{1}H$（氚），它们均含有 1 个电子和 1 个质子，但中子数分别为 0、1、2，原子量分别为 1、2、3。这些质子数相同而中子数不同（或叙述为核电荷数相同而原子量不同）的同类元素互称为同位素。

同位素可分为稳定的和不稳定的两类，不稳定的同位素又称为放射性同位素，它能自发地放出某些射线——α、β 或 γ 射线，而变为另一种元素。

放射性同位素又可分为天然的和人工制造的两类，天然放射性同位素为自然界存在的矿物，一般 $Z \geqslant 83$ 的许多元素及其化合物具有放射性；获得人工制造的放射性同位素最常用的方法是用高能粒子轰击稳定同位素的核，使其变成放射性同位素。

4）原子核。原子核处于原子的中心，其半径为 $10^{-13}\sim10^{-12}$ cm，约为原子半径的万分之一。

（2）放射性与放射性衰变。放射性是自然界存在的一种自然现象。大多数物质的原子核是稳定不变的，但有些物质的原子核不稳定，会自发地发生某些变化，这些不稳定原子核在发生变化的同时会发射各种各样的射线，这种现象就是通常所说的放射性。具有放射性的元素称为放射性元素。自然界存在的放射性元素称为天然放射性元素。某些元素的同位素也具有放射性，称为放射性同位素。采用人为的方法，以中子、质子或其他基本粒子作为炮弹轰击原子核，从而改变核内质子或中子的数目，便可以制造出新的放射性同位素。这种用人工方法制造出来的放射性同位素称为人工放射性同位素。

凡是具有一定质子数、中子数并处于特定能量状态的原子或原子核称为核素。现已发现的约 2000 种核素中，天然存在的有 300 多种，其中有 30 多种是不稳定的；人工制造的有 1600 多种，其中绝大部分是不稳定的。不稳定的核素会自发蜕变，变成另一种核素，同时放出各种射线，这种现象称为放射性衰变。

放射性衰变有多种模式，其中最主要的有：

1）衰变：放出带 2 个正电荷的氦核，衰变后形成的子核，核电荷数比母核减少 2，即在周期表上前移两位，而质量数比母核减少 4。

2）β 衰变：包括 β^+ 衰变、β^- 衰变和轨道电子俘获。

3）β^+ 衰变：母核放出电子，衰变后子核的质量数不变，而核电荷数增加 1，即在周期表上后移一位。

4）β^- 衰变：母核放出一个正电子，衰变后子核的质量数不变，而核电荷数减小 1，即在周期表上前移一位。

5）轨道电子俘获：母核俘获核外轨道上的一个电子（最常见的是俘获 K 层电子称为 K 俘获），核中的一个质子转为中子，即子核在周期表上前移一位。

6）γ衰变：放出波长很短的电磁辐射。衰变前后核的质量数和电荷数均不发生改变。

γ衰变总是伴随着α衰变或β衰变而发生，母核经衰变或β衰变到子核的激发态这种激发态核是不稳定的，它要通过γ衰变过渡到正常态。所以γ射线是原子核由高能级跃迁到低能级而产生的。

二、射线的种类和性质

（1）X射线和γ射线的性质。

X射线和γ射线与无线电波、红外线、可见光、紫外线等属于同一范畴，都是电磁波，其区别是波长不同以及产生方法不同，因此，X射线γ射线具有电磁波的共性，同时也具有不同于可见光和无线电波等其他电磁辐射的特性。

X射线和γ射线具有以下性质：

1）在真空中以光速直线传播，不受电场和磁场的影响。

2）在媒质界面上只能发生漫反射，而不能像可见光那样产生镜面反射；折射不明显，但可以发生干涉和衍射现象，但只能在非常小的光栅中才能发生这种现象，例如，晶体组成的光栅。

3）不可见，能够穿透可见光不能穿透的物质。

4）在穿透物质过程中，会与物质发生复杂的物理和化学作用，例如电离作用、荧光作用、热作用以及光化学作用。

5）具有辐射生物效应，能够杀伤生物细胞，破坏生物组织，危及生物器官的正常功能。

（2）X射线的产生及其特点。X射线是在X射线管中产生的，X射线管是一个具有阴阳两极的真空管，阴极是钨丝，阳极是金属制成的靶。在阴阳两极之间加有很高的直流电压（管电压），当阴极加热到白炽状态时释放出大量电子，这些电子在高压电场中被加速，从阴极飞向阳极（管电流），最终以很大速度撞击在金属靶上发生骤然减速，产生韧致辐射，使一部分能量转变成X射线，而绝大部分则以热能形式释放出来。

对 X 射线管发出的 X 射线做光谱测定，可以发现 X 射线谱由两部分组成：①波长连续变化的部分，称为连续谱，它的最小波长只与外加电压有关；②具有特定波长的谱线，这部分谱线要么不出现，一旦出现，它的峰值所对应的波长位置完全取决于靶材本身，这部分谱线称为标识谱，又称特征谱，标识谱重叠在连续谱之上，如同山丘上的宝塔。

X 射线机在工作时，管电流越大，产生的射线强度则越大；管电压增大，射线能量增加的同时射线强度也增加。

（3）γ 射线的产生及其特点。γ 射线是放射性同位素经过 α 衰变或 β 衰变后，从激发态向稳定态过渡的过程中从原子核内发出的。

以放射性同位素 Co60 为例，Co60 经过一次 β 衰变成为处于 2.5MeV 激发态的 Ni60，随后放出能量分别为 1.17MeV 和 1.33MeV 的两种 γ 射线而跃迁到基态。由此可见，γ 射线的能量是由放射性同位素的种类所决定的。一种放射性同位素可能放出许多种能量的 γ 射线，对此取其所辐射出的所有能量的平均值作为该同位素的辐射能量。例如，Co60 的平均能为 $(1.17+1.32)/2=1.25$（MeV）。

γ 射线的光谱称为线状谱，谱线只出现在特定能量的若干点上，

放射性同位素的原子核衰变是自发进行的，对于任意一个放射性核，它何时衰变具有偶然性，不可预测，但对于足够多的放射性核的集合，它的衰变规律服从统计规律，是十分确定的。

放射性同位素的衰变服从指数规律。设初始时刻（$t=0$）放射性物质未发生衰变时原子核的数量为 N_0，t 时刻放射性物质尚未发生衰变的原子核数量为 N，经过的衰变时间为 t，则其衰变规律可用式（2-34）表达：

$$N = N_0 e^{-\lambda t} \tag{2-34}$$

式中　λ——衰变常数，衰变常数反映了放射性物质的固有属性，λ 值越大，说明该物质越不稳定，衰变得越快。

放射性同位素衰变掉原有核数一半所需的时间，称为半衰期，用 $T_{1/2}$ 表示。当 $t=T_{1/2}$ 时，$N=N_0/2$，由此可得：

$$N_0/2 = N_0 e^{-\lambda T_{1/2}} \tag{2-35}$$

$$T_{1/2} = \frac{\ln 2}{\lambda} = \frac{0.693}{\lambda}$$

$T_{1/2}$ 也反映了放射性物质的固有属性，λ 越大，$T_{1/2}$ 越小。

三、射线与物质的相互作用

射线通过物质时，会与物质发生相互作用而强度减弱。导致强度减弱的原因可分为吸收与散射。吸收是一种能量转换，光子的能量被物质吸收后变为其他形式的能量；散射会使光子的运动方向改变，其效果等于在束流中移去入射光子。在 X 射线与 γ 射线能量范围内，光子与物质作用的主要形式有光电效应、康普顿效应和电子对效应。当光子能量较低时，还必须考虑瑞利散射。

（1）光电效应。当光子与物质原子的束缚电子作用时，光子把全部能量转移给某个束缚电子，使之发射出去，而光子本身则消失掉，这一过程称为光电效应。光电效应发射出的电子叫光电子。

原子吸收了光子的全部能量，其中一部分消耗于光电子脱离原子束缚所需的电离能（电子在原子中的结合能），另一部分就作为光电子的动能。所以，发生光电效应的前提条件是光子能量必须大于电子的原子结合能。释放出来的光电子能量 E_e 与入射光子能量 $h\upsilon$（h 为普朗克常量）以及壳层的结合能，之间关系如式（2-36）：

$$E_e = h\upsilon - E_i \tag{2-36}$$

光电效应的发生概率与射线能量和物质原子序数有关，它随着光子能量的增大而减小，随着原子序数 Z 的增大而增大。

（2）康普顿效应。在康普顿效应中，光子与电子发生非弹性碰撞，一部分能量转移给电子，使它成为反冲电子，而散射光子的能量和运动方向发生变化。$h\upsilon$ 和 $h\upsilon'$ 分别为入射光子和散射光子的能量，θ 为散射光子方向与入射光子方向间的夹角，称为散射角，α 为反冲电子的反冲角。

康普顿效应总是发生于自由电子或原子束缚最弱的外层电子上，入射光子的能量和动量由反冲电子和散射光子两者之间进行分配，散射角越大，散射光子的能量越小，当散射角 β 为 180° 时，散射光子能量最小。

康普顿效应的发生概率大致与物质原子序数成正比，与光子能量成反比。

（3）电子对效应。当光子从原子核旁经过时，在原子核的库仑场作用下，光子转化为 1 个正电子和 1 个负电子，这种过程称为电子对效应。

与光电效应相似，电子对效应除涉及入射光子和电子对外，必须有一个第三者，即原子核参加，才能满足动量和能量守恒。

（4）瑞利散射。瑞利散射是入射光子和束缚比较牢固的内层轨道电子发生的弹性散射过程（也称为电子的共振散射）。在此过程中，1 个束缚电子吸收入射光子而跃迁到高能级，随即又放出 1 个能量约等于入射光子能量的散射光子，由于束缚电子未脱离原子，故反冲体是整个原子，从而光子的能量损失可忽略不计。

瑞利散射是相干散射的一种。所谓相干散射是指散射线与入射线具有相同波长，从而能够发生干涉的散射过程。

瑞利散射的概率和物质的原子序数及入射光子的能量有关，大致与物质原子序数 Z 的平方成正比，并随入射光子能量的增大而急剧减小。当入射光子能量在 200keV 以下时，瑞利散射的影响不可忽略。

（5）各种相互作用发生的相对概率。光电效应、康普顿效应、电子对效应的发生概率与物质的原子序数和入射光子能量有关，对于不同物质和不同能量区域，这三种效应的相对重要性不同，三种效应各有优势：

对于低能量射线和原子序数高的物质，光电效应占优势。

对于中等能量射线和原子序数低的物质，康普顿效应占优势。

对于高能量射线和原子序数高的物质，电子对效应占优势。

当光子能量为 10keV 时，光电效应占绝对优势。随着光子能量的增大，光电效应逐渐减少，而康普顿效应的影响却逐渐增大。稍过 100keV，两种效应相等，瑞利散射在此能量附近发生概率达到最大，但也不超过 10%。在 1MeV 左右，射线强度的衰减几乎都是康普顿效应造成的。光子能量继续增大，由电子对效应引起的吸收逐渐增大，在 10MeV 左右，电子对效应与康普顿效应作用大致相等，超过 10MeV 以后，电子对效应的发生概率越来越大。

各种效应对射线照相质量产生不同的影响，例如，光电效应和电子对效应引起的吸收有利于提高照相对比度，而康普顿效应产生的散射线则会降低对比度。轻金属试件照相质量往往比重金属试件照相质量差；使用1MeV左右能量的射线照相，其对比度往往不如较低能量射线或更高能量射线，这些都是康普顿效应的影响造成的。

四、射线在物质中的衰减

（1）射线在物质中的衰减规律。射线通过物质后，总强度衰减了，射线强度的衰减来自于吸收和散射。当射线通过物质时，随着贯穿行程的增加，射线强度衰减增大。射线的衰减程度不仅与穿透物质的厚度有关，而且还与射线的线质（即能量）有关，与物质的密度和原子序数等也有关。一般来说，射线的波长越短，能量越大，衰减就越小；物质的原子序数越大，密度越大，衰减就越大。但它们之间并不是简单的直线关系，而是呈指数规律衰减。对于单色单束射线（单一频率的平行射线束），它在物质中的衰减规律为：

$$I = I_0 e^{-\mu T} \tag{2-37}$$

式中　I_0——入射线的初始强度；

　　　I——射线通过物质层以后的强度；

　　　μ——物质对射线的衰减系数；

　　　T——通过物质层的厚度；

　　　e——自然对数的底。

然而在实际探伤工作中，使用的 X 射线和射线并非是理想的单色单束，X 射线为多色多束，而 γ 射线为单色多束。对于多色多束射线来说，它的衰减规律和单色单束射线在物质中的传播规律是有区别的。

首先，探伤时所使用的射线一般为连续射线，这就使得衰减系数以实际上是一个变量，在射线穿过物质的初始部分，μ 值较大，随着穿透层的深入，射线的线质逐渐变硬，衰减系数也就减小了。考虑到这种情况，衰减系数可取平均值。

实际上射线检测时射线还是宽束的，这就必须考虑散射线的影响。因为散射线的作用，使穿过物质后的射线强度还应包括散射线成分，即实际通过物质 T 层后，射线强度为垂直透过的射线强度和散射线强度的和，即

$I=I_\mathrm{p}+I_\mathrm{s}$。考虑了多色情况后（并引入散射比 n），射线在物质中的衰减规律可修正为：

$$I = (1+n)I_0\mathrm{e}^{-\mu T} \tag{2-38}$$

式中　n——散射比，它是散射线强度与垂直透过射线强度的比，即 $n=I_\mathrm{s}/I_\mathrm{p}$；

　　　　μ——衰减系数。

（2）衰减系数与半价层。衰减系数 μ，它的物理意义是单位射线强度穿过单位物质厚度的衰减量，也称为线衰减系数。

线衰减系数是入射光子的能量（$h\upsilon$）和穿过物质的原子序数 Z 的函数。射线能量越高，物质原子序数越小，线衰减系数就越小；相反，射线能量越低，物质原子序数越大，线衰减系数就越大。

在实际应用中，经常使用半价层来描述某种能量射线的穿透能力或某种射线的衰减作用程度。半价层是指射线在物质中传播时，强度衰减到原来的一半时穿过物质的厚度。如果用 $H_{1/2}$ 来表示半价层厚度，它与线衰减系数的关系如下

$$H_{1/2} = 0.693/\mu$$

即穿过物质的半价层与物质对这种射线的衰减系数的乘积为一常数。物质对射线的衰减系数越大，它的半价层就越小；相反，物质对射线的衰减系数越小，它的半价层就越大。部分元素的线衰减系数如表 2-6 所示。

表 2-6　　　　　　　　　　部分元素的射衰减系数

射线能量（MeW）	铝（cm^{-1}）	铁（cm^{-1}）	铜（cm^{-1}）	铅（cm^{-1}）
0.25	0.290	0.800	0.91	2.70
0.50	0.220	0.665	0.70	1.80
1.00	0.160	0.469	0.50	0.80
1.50	0.132	0.370	0.41	0.58
2.00	0.116	0.313	0.35	0.48
3.00	0.100	0.270	0.32	0.42
5.00	0.075	0.244	0.27	0.48
7.00	0.068	0.233	0.30	0.53
10.00	0.060	0.214	0.31	0.60

五、射线照相胶片成像法的原理

射线在穿透物体的过程中会与物质发生相互作用，因吸收和散射而使其强度发生衰减。强度衰减程度取决于物质的衰减系数和射线穿透物质的厚度。如果被透照物体（试件）的局部存在缺陷，且构成缺陷的物质的衰减系数又不同于试件，该局部区域的透过射线强度就会与周围产生差异。把胶片放在适当位置使其在透过射线的作用下感光，经暗室处理后得到底片。底片上各点的黑化程度取决于射线照射量（又称曝光量，等于射线强度乘以照射时间），由于缺陷部位和完好部位的透射射线强度不同，底片上相应部位就会出现黑度差异。底片上相邻区域的黑度差定义为对比度。把底片放在观片灯光屏上借助透过光线观察，可以看到由对比度构成的不同形状的影像，评片人员据此判断缺陷情况并评价试件质量。

对缺陷引起的射线强度变化情况可做定量分析如下：在试件内部有一小缺陷，试件厚度为 T，线衰减系数为 μ；缺陷在射线透过方向的尺寸为 ΔT，线衰减系数为 μ'；$I_\mathrm{p} - I'_\mathrm{p} = \Delta I$，透射射线总强度为 I，则有：

$$\frac{\Delta I}{I} = \frac{(\mu - \mu')\Delta T}{1 + n} \tag{2-39}$$

如果缺陷介质的 μ' 值与 u 相比极小，则 μ' 可以忽略不计（例如，μ 为钢的衰减系数，而 μ' 为空气的衰减系数），上式可写作：

$$\frac{\Delta I}{I} = \frac{\mu \Delta T}{1 + n} \tag{2-40}$$

因为射线强度差异是底片产生对比度的根本原因，所以把 $\Delta I / I$ 称为主因对比度。由此可以看出，影响主因对比度的因素是透照厚度、线衰减系数和散射比。

第五节　声振检测法原理

一、声学振动检测法概况及分类

声学振动检测是一种通过激励被检试件，使其产生机械振动（声波），并从机械振动的测定结果中判定被检测试件缺陷的方法。采用声学振动检测技术，能够实现对带电状态下的支柱瓷绝缘子力学安全状况进行检测。目前，声学振动检测已广泛运用于其他领域，如建筑、桥梁、机械等，但应用于高压支柱瓷绝缘子的检测还是一门全新的检测技术。该检测方法最早起源于俄罗斯，由于红外、紫外等检测技术用于检测高压支柱瓷绝缘子的力学状况有很大的局限性，声学振动才有了长足的发展。2000年后，俄罗斯率先开发出了声学振动检测设备，声学振动检测因此获得广泛应用。目前已在俄罗斯等十几个国家得到运用，并已形成一套完整的检测体系。

但该技术在我国国内还处于起步阶段，近年来国家电网各省公司电科院相继开展了此项技术的研究工作，也都取得了初步的研究成果，并开始在变电站进行试用。例如北京某公司在2009年开始引进该设备，并在此基础上开发了适用于国产绝缘子的振动检测仪器，推动了该项技术在国内的发展和应用。

利用声学振动检测方法来判定被检测试件缺陷，其特点是简便、快速、有效。敲击检测就是其中最简单常用的一种方法。声学振动检测方法按照激励方式的不同，可分为敲击振动检测以及声阻抗检测，其分类方法详见图2-20。

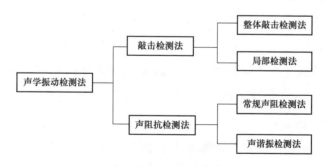

图2-20 声学振动检测方法分类

（1）敲击检测法。敲击检测法是最传统的声学振动检测方法之一，可分为整体敲击检测法和局部检测法。

1）整体敲击检测法。整体敲击检测法又被称为车轮敲击检测法（Wheel tap test），是应用最广、实施便捷的一种可以判断被检对象是否存在裂纹的无损检测方法，其主要原理是：当物件中存在较大缺陷（如裂纹、夹杂和空隙等）时，由敲击产生的声音会比较沉闷，否则声音清脆。敲击过程就是在被检测对象中激励产生机械振动的过程，而声音以及敲击手感的获取则可以看作是检测过程中的信息采集，检测人员凭借自己的经验对获得的信息进行分析判断，得到的最终结论就属于检测过程中的特征提取及结果判断。这种以人工敲击被检测件产生振动，并用声音作为判断被检测对象中是否存在缺陷的方法的优缺点非常明显，其优点是方便、快捷、易于实现且成本低廉；缺点是严重依赖于操作人员的敲击和主观判断，易造成误判和漏判。

当被检测对象中存在某种缺陷时，结构整体的某些振动特征也会随之改变，为了提高这一方法的准确性和易用性，通常需要对构件振动的模态进行分析。然而，由于对检测对象的振动特性分析非常困难，该方法一直未得到很好的实际应用。因此，这种方法常用于检测那些设计安全系数较大的工件。运用整体振动检测方法时，通常是在构件的一段轻敲，而从另一端的加速度传感器中获取振动信息，辅以计算机等设备用快速傅里叶变换方法获取其频率响应，并与预知的特征频率点进行比较后得到检测结果。为了克服传统敲击方式对检测结果判断的影响，提高敲击检测的可靠性，可以采取以微处理器控制机械敲击工具来敲击被检工件，并以加速度传感器获取应力的变化或声信号频率变化的方法来改进整体敲击检测法。

支柱瓷绝缘子的声学振动检测，就是采用整体敲击法，对瓷绝缘子法兰部位进行激励，从而获取绝缘子的振动特征频率，并以此来判定瓷绝缘子的整体力学状态。

2）局部敲击检测法。局部敲击检测法又被称为硬币敲击检测（coin tap test）或改锥把手检测（screwdriver handle test）。这种检测方法通常需要操作者使用小锤、改锥把手或硬币等质量较轻的物体，对被检测对象进行逐点检测，其与整体敲击检测方法不同点：由于结构材料的非刚性，所发出的声音不是整体结构的响应，而是敲击表面下局部结构的响应，因此这种方法所得到的冲击响应与被检测对象的局部机械阻抗和弹性系数有关。局部敲击检测方法是胶接结构和复合材料结构检测中常用的一种检测方法。

如果被检测对象中存在缺陷，敲击时会发出沉闷的声音。

（2）声阻法检测法。声阻法检测又称为机械阻抗法检测，是声学振动检测方法中的一种。它把反映材料振动特性的力学阻抗转换为换能器的负载阻抗。由于材料的力学阻抗与材料结构存在着一定的关系，因此通过对换能器特性的测量来判断材料力学阻抗的变化，从而达到检测的目的。声阻抗检测技术常用于航空航天产品胶接结构和复合材料结构粘接质量的检测。

根据对换能器测量参量的不同，可分为振幅法、相位法和频率法。根据检测信号工作频率的不同，声阻检测方法又可以分为常规声阻检测法与声谐振检测法。

1）常规声阻检测法。常规声阻检测法，其换能器由发射压电晶片、接收压电晶片组成，施加于发射晶片的信号为正弦驱动信号。当换能器在自由空间未与被检测件接触时，接收晶片和发射晶片的刚性连接使得它们的运动保持一致，接收晶片上无应变存在，因此没有信号输出；当换能器垂直放置于被检测件表面实施检测时，换能器的触头与被检测件接触，接收晶片的下表面受阻，形成应变，从而产生输入，其受阻阻抗的大小由结构件被测点的局部劲度系数和质量决定。利用专门的仪器接收并显示接收晶片所得到的信号幅值及相位信息，从而判断被检测件的该点是否存在缺陷。

2）声谐振检测法。声谐振检测法与常规声阻抗检测法类似，即通过电声换能器激励被检测物体，并测量因被检测对象参量的不同而引起的阻抗变化量。其大致又可以分为两类：以单一频率声波入射被检测件的单频谐振检测法和以频率随着时间变化的声波入射被检测件的扫频谐振检测法。

单频谐振检测法是用具有阻尼的弹簧质量系统单自由度结构模型来模拟叠层复合材料结构或蒙皮与芯粘接结构。对一个脱粘或分层不连续的结构而言（粘接强度为0），脱粘或分层以上的材料可以看作是周围被钳定的膜。当此区域被激励时，可以认为它是以膜的第一模态进行谐振。大量实践已证明，利用这一原理制成的机械阻抗测试技术（即声阻仪）可以测定直径为深度10倍的不连续（脱粘、分层与气孔），特别适合于薄蒙皮结构。

扫频谐振检测法所选用的激励声波为频率随时间变化的连续声波。当被检测件的自然频率及谐振频率与激励信号的频率相符时，换能器所承受的载荷相比于其他频率成分时要重得多，从而易于检测到因为载荷变化而引起的信号电流变化。利用这种方法可以可靠地检测出板材的厚度，胶接结构和复合材料构件中的脱粘、分层、气孔等缺陷的位置和深度。

二、声学振动检测基本原理

对于支柱瓷绝缘子声学振动检测采用整体敲击法，即对瓷绝缘子法兰部位进行激励来判定瓷绝缘子的整体力学状态。由古至今利用敲击检测的对象较多，如敲击瓷碗、敲击车轮都是传统声学振动检测案例，即利用可听的频率范围作为检测的频谱宽度，即 $20\sim20000\,\mathrm{Hz}$。在日常生活中通常对砂锅质量的判别，是通过敲击砂锅听其发出声音进行的，不同质量的砂锅其声音不同，优质砂锅声音清脆，劣质砂锅声音沉闷，通过耳朵的听觉对比便能辨别出来，其实砂锅的声音跟砂锅的密度和烧结程度有关。

烧结程度好，密度高，声音清脆；烧结程度不好，密度低，声音沉闷。

如果砂锅有裂缝，敲起来的声音会沙哑，所以挑选砂锅的时候用手敲一下砂锅，如果声音清脆的表示质量比较好。实际上声音反映的是频率，频率反映的是刚度。瓷绝缘子同砂锅的加工工艺及原料基本相同，所以它们有共同的特性，因此用同样的方法也能够检出瓷绝缘子质量的好坏。

高压支柱瓷绝缘子的振动检测，其技术基础是激励被测工件产生机械振动声波，通过测量其振动的特征来判定工件质量。该方法用于在不切断工作电压的情况下对支柱式绝缘子（带电检测）的机械力学状态进行诊断分析，其特点在于较经济且又容易实现。为保证使用声学振动方法诊断支柱式绝缘子的正确性和合理性，需要研究运行中绝缘子的机械载荷和绝缘子振动特性的对应关系。

运行过程中支柱式绝缘子受到风力载荷和断路器切换时产生的扭转力两种力的作用。其中，风力载荷导致绝缘子弯曲，断路器切换使绝缘子受有扭曲的载荷。

在上述载荷的作用下绝缘子产生的机械应力是弯曲应力和扭曲应力。

弯曲应力：

$$\sigma_{u3} = \frac{a(P_1 + P_2)}{W} = \frac{a(P_1 + P_2) \times r}{J} \tag{2-41}$$

式中　$a(P_1 + P_2)$——弯曲力矩；

　　　　J——绝缘子横截面的惯性力矩；

　　　　r——绝缘子横截面的半径。

扭曲应力（切向的）：

$$\tau = \frac{P_2 L r}{I_p} \tag{2-42}$$

式中　$P_2 L r$——扭曲力矩；

　　　　r——绝缘子截面半径；

　　　　I_p——横截面惯性力矩。

归纳上述公式，机械应力函数为：

$$\sigma_{o\sigma w} = f(\sum P_i, L_i, \alpha_i, I_i, I_{pi}, r_i) \tag{2-43}$$

式中　$\sum P_i$——外力总和；

　　L_i，α_i——绝缘子的线性尺寸；

　　　　I_i——绝缘子各横截面的力矩；

　　　　I_{pi}——各惯性极力矩；

　　　　r_i——绝缘子断面半径。

把绝缘子看作一个柱形的装置，承受着随时间快速变化的动态载荷（脉冲载荷、振动）。则柱形装置的机械振动公式可用下列表达式加以描述：

弯曲振动：

$$\frac{\partial^2}{\mathrm{d}x^2}\left(EI\,\frac{\partial^2 w}{\partial x^2}\right) + \rho F\,\frac{\partial^2 w}{\partial t^2} = q(x, t) \tag{2-44}$$

式中　w——柱下垂挠度；

　　　　x——柱长度坐标；

　　　　t——时间；

E——柱材质的弹性模量；

ρ——柱材质的密度；

F——柱横截面面积；

$q(x, t)$——扰动力。

纵向振动：

$$\frac{\partial}{\partial x}\left(EF\,\frac{\partial u}{\partial x}\right)+\rho F\,\frac{\partial^2 u}{\partial t^2}=q(x,t) \tag{2-45}$$

式中　μ——柱的纵向（竖）位移；

χ——柱长度坐标；

t——时间；

E——柱材质的弹性模量；

ρ——柱材质的密度；

F——柱横截面面积；

$q(x, t)$——扰动力。

扭曲振动：

$$\frac{\partial}{\partial x}\left[GI_k\,\frac{\dfrac{\partial}{\partial x}\left(GI_k\,\dfrac{\partial \theta}{\partial x}\right)-\rho I_p\,\dfrac{\partial^2 \theta}{\partial t^2}=\mu(x,t)\theta}{\partial x}\right]-\rho I_p\,\frac{\partial^2 \theta}{\partial t^2}=\mu(x,t)$$

$$\tag{2-46}$$

式中　θ——柱扭曲角；

χ——柱长度坐标

t——时间；

G——柱材质的剪切模量；

ρ——柱材质的密度；

I_k——扭曲时的惯性力矩（圆形和环型横截面的装置，其扭曲时的惯性力矩等于惯性极力矩 I_p）；

$\mu(x, t)$——扰动力矩。

不难发现，柱装置里归纳出的各项机械应力函数和柱形装置的固有振动频率具有相同的自变量，由此可得出结论，柱形装置（绝缘子）的机械强度和它的频率特性紧密相关。

　　瓷材质和其他材质一样，有应力极限，超过这个极限会导致结构的破坏（极限强度），对应极限强度的力叫作极限载荷。绝缘子固有振动频率和极限载荷的关系推导如下。

　　柱形装置的一端固定另一端加力，这时的弯曲极限载荷有如下表达式：

$$P = \frac{\sigma I}{Lr} \tag{2-47}$$

式中　P——极限载荷；

　　　σ——应力（这里指极限强度）；

　　　L——柱装置（绝缘子）长度；

　　　r——绝缘子危险断面半径；

　　　I——绝缘子危险断面惯性静力矩。

　　柱形装置一端固定，另一端为自由状态，其固有振动频率用如下表达式确定：

$$\omega_i = (k_i)^2/L^2 \times \sqrt{EI}/\sqrt{u} \tag{2-48}$$

式中　ω_i——柱形装置（绝缘子）固有频率；

　　　k_i——克雷洛夫方程式根；

　　　L——柱装置长度；

　　　E——材质弹性模量；

　　　I——柱装置危险断面的惯性静力矩；

　　　μ——柱装置的单位长度质量；

　　对损坏的和未损坏的绝缘子做比较，取极限载荷（承载能力）作为参考点，则绝缘子的损坏程度可用损坏绝缘子极限载荷和未损坏绝缘子极限载荷之比的形式。无需复杂的转换就能得出下列关系式：

$$P_1/P_0 = I_1/I_0 = (\omega_{i1}/\omega_{i0})^2 \tag{2-49}$$

式中　P_0——未损坏绝缘子极限载荷；

　　　P_1——损坏绝缘子极限载荷；

　　　I_0——未损坏绝缘子危险断面的惯性静力矩；

I_1——损坏绝缘子危险断面的惯性静力矩；

ω_{i0}——未损坏绝缘子固有振动频率；

ω_{i1}——损坏绝缘子固有振动频率；

i——绝缘子振动的固有模态（$i=1$，2，…）。

应当指出，上式对于纵向（竖）和扭曲的载荷也是正确的，因此可改写成：

$$P_1/P_0 = I_1/I_0 = F_1/F_0 = I_{p1}/I_{p0} = (\omega_{i1}/\omega_{i0})^2 \qquad (2\text{-}50)$$

式中　F_0——未损坏绝缘子危险断面面积（纵向振动）；

F_1——损坏绝缘子危险断面面积（纵向振动）；

I_{p0}——未损坏绝缘子危险断面的惯性极力矩（扭曲振动）；

I_{p1}——损坏绝缘子危险断面的惯性极力矩（扭曲振动）。

分析上式之后可见，能够在绝缘子的任何一种振动形式中发现损伤。由此可以得出，使用声学振动方法来确定支柱瓷绝缘子的机械状态是可行的，利用频率的改变能够在电网设备的任何一种振动形式中发现损伤。

所以，解决评估支柱式绝缘子机械状态的任务，只要能及时注意其固有频率的性能状态就可以了。

如果把绝缘子看成是有某种自由度的机械装置，汇总的机械振动方程写成如下表达式：

$$\boldsymbol{A}\mathrm{d}^2\boldsymbol{q}/\mathrm{d}t^2 + \boldsymbol{B}\mathrm{d}q/\mathrm{d}t + \boldsymbol{Cq} = \boldsymbol{F}(t) \qquad (2\text{-}51)$$

式中　$\boldsymbol{A}$——惯性元素矩阵；

$\boldsymbol{B}$——耗散力矩阵；

$\boldsymbol{C}$——准弹性系数矩阵；

$\boldsymbol{q}$——汇总坐标矩阵列；

$\boldsymbol{F}(t)$——汇总外力矩阵列。

解这个方程要分两步走，先确定固有振动模态的频率，然后确定对应频率的幅度。这里不考虑固有振动模态的幅度成分。柱形装置固有振动模态的频率可由下列关系式确定：

纵向振动：

$$\omega = f(EF) \tag{2-52}$$

弯曲振动：

$$\omega = f(EJ) \tag{2-53}$$

式中　ω——振动频率；

　　EF——柱装置纵向刚度；

　　EJ——柱装置弯曲（横截面）刚度；

　　E——弹性模量；

　　F——柱装置横截面面积；

　　J——柱装置横截面惯性静力矩。

应当指出，在激发时，被激发的振动中包含着整个柱形装置的全部信息，也就是说当施加一个激发的激励源到绝缘子的下法兰面上，并且记录下它上面对此激发的响应，就能得到有关绝缘子动态性能全部的完整信息。

另外，绝缘子断裂有如下特点：

1）昼夜温差越大断裂概率越高，其中北方多于南方，2、3、4月份多于其他月份。

2）横担放置及仰角放置的支柱瓷绝缘子发生断裂的比例较大。

3）隔离开关支柱瓷绝缘子发生断裂故障的数量最多，通常发生在操作状态下。

4）绝缘子断裂通常都发生在上下两端铸铁法兰结合处。

5）110kV和220kV电压等级支柱瓷绝缘子故障发生情况较多，330kV及以上电压等级故障支柱瓷绝缘子的数量较少。

三、声学振动检测仪组成及基本原理

（1）声学振动检测仪基本组成。声学振动检测仪是专门针对瓷支柱绝缘子进行裂纹检测的专用测试仪器，通过检测瓷支柱绝缘子的振动频率，判定绝缘子是否存在损伤。仪器主要由探伤仪、分析软件、延长绝缘杆等组成，其中探伤仪起激励和采集振动信号的作用，由发射探针、接收探针、记录存储单元等部分组成；分析软件将采集到的数据信号通过信号处理转换成功率谱密度曲线，便于分析判断；延长绝缘杆能够实现带电状态下的检测。

声学振动检测仪具有操作简单、响应速度快，抗电磁干扰能力强、体积小、重量轻且供电电路简单、可方便与 PC 机通信等特点。

声学振动检测仪外观结构及组成如图 2-21 所示。

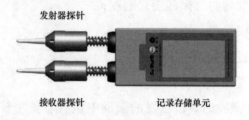

图 2-21　声学振动检测仪外观结构图

1) 发射器探针：用于发送振动信号。

2) 接收器探针：用于接收振动信号。

3) 记录存储单元：用于存储采集到的振动数据。

(2) 声学振动检测仪工作原理。声学振动检测仪的基本工作原理方框图如图 2-22 所示，嵌入式系统控制 DA 输出端口产生一连串具有特定功能的复杂信号，此信号涵盖瓷柱绝缘子的所有振动频率，先经滤波器滤波处理，将电源引入的干扰信号滤除掉、经功率放大器放大至所需的功率后，进行隔离升压用以驱动激振器产生激振信号，此信号经发射探针施加到被测瓷绝缘子上。同时利用接收探针接收此信号，嵌入式系统对此信号进行采集、放大、处理，将其转换为数字信号，存储到内部 FLASH 中，至此采样完毕。嵌入式系统中嵌入的专业分析软件对此信号进行分析，以功率图谱的形式在显示器上显示出来，同时自动分析绝缘子的机械性能，即时语音播报检测结果。当需要打印检测报告或导出原始数据时，可利用仪器上的 USB 接口将数据上传给 PC 机，计算机中的分析软件对此信号进行进一步分析，并自动生成测试报告。

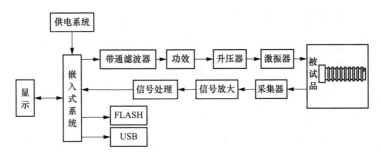

图 2-22 声学振动检测仪原理方框图

第六节 磁性检测法原理

一、原理

磁性测厚仪测量永久磁铁和基体金属之间的磁引力，该磁引力受到覆盖层存在的影响；或者测量穿过覆盖层与基体金属的磁通路的磁阻。

二、影响测量准确度的因素

（1）覆盖层厚度：测量准确度随覆盖层厚度的变化取决于仪器的设计，对于薄的覆盖层，其测量准确度与覆盖层的厚度无关，为一常数；对于厚的覆盖层，其测量准确度等于某一近似恒定的分数与厚度的乘积。

（2）基体金属的磁性：基体金属磁性的变化能影响磁性法厚度的测量。在实际应用中，可认为低碳钢的磁性变化是不重要的。为了避免不相同的或局部的热处理和冷加工的影响，仪器应采用性质与试样基体金属相同的金属校准标准片；可能的话，最好采用待镀覆的零件做标样进行仪器校准。

（3）基体金属的厚度：对每一台仪器都有一个基体金属的临界厚度。大于此临界厚度时，金属基体厚度增加，测量将不受基体金属厚度增加的影响。临界厚度取决于仪器测头和基体金属的性质，除非制造商有所规定，否则临界厚度的大小应通过实验确定。

（4）边缘效应：本方法对试样表面的不连续敏感，因此，太靠近边缘或内转角处的测量是不可靠的，除非仪器专门为这类测量进行了校准。这种边缘效应可能从不连续处开始向前延伸大约 20mm，这取决于仪器本身。

（5）曲率：试验的曲率影响测量。曲率的影响因仪器制造和类型的不同而有很大差异，但总是随曲率半径的减小而更为明显。

（6）表面粗糙度：如果在粗糙表面上的同一参比面（见 GB/T 12334—2001《金属和其他非有机覆盖层关于厚度测量的定义和一般规则》）内测得的一系列数值的变动范围超过仪器固有的重现性，则所需的测量次数至少应增加到 5 次。

（7）基体金属机械加工方向：使用具有双极式测头或已不均匀磨损的单极式测头仪器进行测量，可能受磁性基体金属机械加工（如轧制）方向的影响，读数随测头在表面上的取向而异。

（8）剩磁：基体金属的剩磁可能影响使用固定磁场的测厚仪的测量值，但对使用交变磁场的磁阻型仪器的测量的影响很小。

（9）磁场：强磁场，例如各种电器设备产生的强磁场，能严重地干扰使用固定磁场的测厚仪的工作。

（10）外来附尘埃：仪器测头必须与试样表面紧密接触，因为这些仪器对妨碍测头与覆盖层表面紧密接触的外来物质敏感。应检查测头前端的清洁度。

（11）覆盖层的导电性：某些磁性测厚仪的工作频率在 200～2000Hz之间，在这个频率范围内，高导电性厚覆盖层内产生的涡流，可能影响读数。

（12）测头压力：施加于测头电极上的压力必须适当、恒定，使软的覆盖层都不致变形。另一方面，软的覆盖层可用金属箔覆盖住再测量，然后从测量值中减去金属箔的厚度。在测量磷化膜时也应这样操作。

（13）测头取向：与地球重力场有关，应用磁引力原理的测厚仪测得的读数可能受磁体取向的影响。因此，仪器测头在水平或倒置的位置上进行的测量，可能需要分别进行校准，或可能无法进行。

第三章

支柱绝缘子
无损检测方法

第一节 目视检测法操作内容

一、检测内容

绝缘子目视检测时，以直接目视检测及间接目视检测为主。直接目视检测时，应检测绝缘子及法兰的表面状态，如瓷件规定部位的制造厂商标及制造年份，绝缘子瓷群表面光滑程度，瓷群法兰及基座是否有裂纹或破损现象，水泥胶装面是否完好，绝缘子安装好后垂直度是否良好等；间接目视检测时，应采用卡尺、直尺等标准量具或特制量具进行检测，如绝缘子安装孔的角度偏移检查，绝缘子端面平行度检查，绝缘子最小公称爬电距离检查等。

二、执行标准

（1）GB/T 8287.2—2018《标称高压高于 1000V 系统用户内和户外支柱绝缘子 第 2 部分：尺寸与特性》。

（2）Q/GDW 407—2010《高压支柱绝缘子现场检测导则》。

（3）GB/T 772—2016《高压绝缘子瓷件 技术条件》。

（4）NB/T 47013.7—2015《承压设备无损检测 第 7 部分：目视检测》。

三、检测设备

目视检测法中，需要的检测设备包括人工照明光源、游标卡尺、钢直尺、放大镜。

四、具体检测

1. 外观检查

高压支柱绝缘子的外观质量应符合如下规定：

（1）瓷件规定部位的制造厂商标及制造年份应清晰、牢固，并具有永久性。额定电压 126kV 以上支柱绝缘子应标出制造月份。

（2）瓷件釉面应光滑，不应有明显的色调不均现象。瓷件不应有生烧、过火氧化起泡现象，其外观质量应符合表 3-1 的规定。

表 3-1　　　　　　　　　　　　瓷件的外观质量标准

瓷件分类		单个缺陷				外表面缺陷总面积（mm²）
类别	$H \times D$(mm²)	斑点、杂质、烧缺、气泡等直径（mm）	粘釉或碰损面积（mm²）	缺釉（mm²）	深度或高度（mm）	
1	$H \times D \leqslant 5000$	3	20.0	40.0	1	100.0
2	$5000 < H \times D \leqslant 40000$	3.5	25.0	50.0	1	150.0
3	$40000 < H \times D \leqslant 100000$	4	35.0	70.0	2	200.0
4	$100000 < H \times D \leqslant 300000$	5	40.0	80.0	2	400.0
5	$300000 < H \times D \leqslant 750000$	6	50.0	100.0	2	600.0
6	$750000 < H \times D \leqslant 1500000$	9	70.0	140.0	2	1200
7	$H \times D > 1500000$	12	100.0	200.0	2	$100 + H \times D/1000$

注　1. 表中 H 为瓷件的高度或长度，单位为 mm；D 为瓷件最大外径，单位为 mm。
　　2. 当耐污型支柱瓷绝缘子的爬电距离 $L/H > 2.2$ 时（L 为爬电距离，H 为瓷件高度），其允许的缺陷总面积，应不大于表中规定的外表缺陷总面积乘以 $L/2H$。
　　3. 瓷件主体部位外表面单个缺釉面积应不超过 25mm²。
　　4. 釉面缺陷不能过分集中。釉面针孔在任一 500mm² 面积范围内不应超过 15 个。总针孔量不应超过 $50 + D \times L/1500$ 个（D 为瓷件直径，L 为瓷件的爬电距离，单位均为 mm）。积聚的杂质（例如砂粒）应算作单个缺陷。

（3）瓷件不应存在裂纹。

（4）支柱绝缘子的胶装部位不应存在埋砂、缺砂及堆砂等现象。

（5）支柱绝缘子胶装面防水胶应完整，无缺损。

2. 瓷件一般尺寸偏差

支柱绝缘子的尺寸应符合产品订货技术文件的规定，瓷件一般尺寸偏差应符合表 3-2 的规定。

表 3-2　　　　　　　　　　　　瓷件一般尺寸偏差

瓷件公称尺寸 d	允许偏差（mm）	
	有限结构	无限结构
$d \leqslant 45$	±1.5	±2.0
$45 < d \leqslant 60$	±2.0	±2.5
$60 < d \leqslant 70$	±2.5	±3.0
$70 < d \leqslant 80$	±3.0	±4.0
$80 < d \leqslant 90$	±3.5	±4.5
$90 < d \leqslant 110$	±4.0	±5.0
$110 < d \leqslant 125$	±4.5	±6.0
$125 < d \leqslant 140$	±5.0	±6.5
$140 < d \leqslant 155$	±6.0	±7.5
$155 < d \leqslant 170$	±6.5	±8.0

瓷件公称尺寸 d	允许偏差（mm）	
	有限结构	无限结构
$170<d\leqslant185$	±7.0	±9.0
$185<d\leqslant200$	±7.5	±9.5
$200<d\leqslant250$	±8.0	±10.5
$250<d\leqslant300$	±8.5	±11.5
$300<d\leqslant350$	±9.0	±12.5
$350<d\leqslant400$	±10.0	±14.5
$400<d\leqslant450$	±12.0	±16.5
$450<d\leqslant500$	±13.0	±18.0
$500<d\leqslant600$	±15.0	±21.0
$600<d\leqslant700$	±16.0	±23.0
$700<d\leqslant800$	±18.0	±26.0
$800<d\leqslant900$	±19.0	±28.0
$900<d\leqslant1000$	±20.0	±30.0
$d>1000$	$\pm(0.015d+5)$	$\pm(0.025d+5)$

注　表中瓷件公称尺寸 d 为被测量部位的长（高）度或直径。

3. 爬电距离偏差

爬电距离的测量与图样上规定的设计尺寸有关，即使这个尺寸可能大于买方原先规定的值。爬电距离的偏差规定如下：

（1）以公称值（包括最小公称值）规定时，最大偏差为：$\pm(0.04L+1.5)$ mm，L 为公称爬电距离。

（2）以最小规定时，爬电距离的测量值不得小于此值。

第二节　超声检测法操作内容

一、检测内容

脉冲反射法超声检测在检测条件、耦合与补偿、仪器的调节、缺陷的定位、定量、定性等方面都有一些通用技术，掌握这些通用技术对于发现缺陷并正确评价是很重要的。脉冲反射法超声检测的基本步骤是：检测前的准备，仪器、探头、试块的选择，仪器调节与检测灵敏度确定，耦合补偿，扫查方式，缺陷的测定、记录和等级评定，仪器和探头系统复核等。

支柱瓷绝缘子超声检测时，主要用超声波探伤仪，对支柱瓷绝缘子上、下端头与法兰胶装整个区域进行无损检测，针对支柱瓷绝缘子内部的缺陷进行系统性的检测，防止支柱瓷绝缘子的缺陷对电网的危害。

针对一个确定的工件，当存在多个可能的声入射面时，检测面的选择首先要考虑缺陷的最大可能取向。如果缺陷的主反射面与工件的某一表面近似平行，则选用从该表面入射的垂直入射纵波，这样能使声束轴线与缺陷的主反射面接近垂直，这对缺陷的检测是最为有利的。缺陷的最大可能取向应根据材料、坡口形式、焊接工艺等综合分析。

很多情况下，工件上可以放置探头的平面或规则圆周面是有限的，超声波的进入面并没有可以选择的余地，只能根据缺陷的可能取向，选择入射超声波的方向。因此，检测面的选择是应该与检测技术的选择结合起来进行的。例如，对于锻件中冶金缺陷的检测，由于缺陷大多平行于锻造表面，通常采用纵波垂直入射检测，检测面可选为与锻件流线相平行的表面。再考虑棒材检测的情况，可能的入射面只有圆周面，采用纵波检测可以检出位于棒材中心区的、延伸方向与棒材轴向平行的缺陷。若要检测位于棒材表面附近垂直于表面的裂纹，或沿圆周延伸的缺陷，由于检测面仍是圆周面，所以仍需采用斜射声束沿周向或轴向入射。

有些情况下，需要从多个检测面入射进行检测，如：①变形过程使缺陷有多种取向时；②单面检测存在盲区，而另一面检测可以弥补时；③单面检测灵敏度不能在整个工件厚度范围内实现时等。

为了保证检测面能提供良好的声耦合，进行超声检测前应目视检查工件表面，去除松动的氧化皮、毛刺、油污、切削或磨削颗粒等。如果个别部位不可能清除，应作出标记并留下记录，供质量评定时参考。

二、执行标准

（1）DL/T 1424—2015《电网金属技术监督规程》。

（2）Q/GDW 407—2010《高压支柱瓷绝缘子现场检测导则》。

三、检测设备

正确选择仪器和探头对于有效地发现缺陷，并对缺陷定位、定量和定性是至关重要的，实际检测中要根据工件结构形状、加工工艺和技术要求来选择仪器与探头。

1. 检测仪器的选择

目前国内外检测仪种类繁多，性能各异，检测前应根据检测要求和现场条件来选择检测仪器：

（1）对于定位要求高的情况，应选择水平线性误差小的仪器。

（2）对于定量要求高的情况，应选择垂直线性好，衰减器精度高的仪器。

（3）对于大型零件的检测，应选择灵敏度余量高、信噪比高、功率大的仪器。

（4）为了有效地发现近表面缺陷和区分相邻缺陷，应选择盲区小、分辨力好的仪器。

（5）对于室外现场检测，应选择重量轻、荧光屏亮度好、抗干扰能力强的携带式仪器。

此外要求选择性能稳定、重复性好和可靠性好的仪器。满足 JB/T 10061—1999《A 型脉冲反射式超声波探伤仪通用技术条件》，通信接口，仪器频率在 1MHz~5MHz，探测量程大于被测深度，满足水平线性和衰减调节精度等相关要求，如图 3-1 所示。

图 3-1　超声波探伤仪

2. 探头的选择

超声检测中，超声波的发射和接收都是通过探头来实现的。探头的种类很多，结构型式也不一样。检测前应根据被检对象的形状、声学特点和技术要求来选择探头。探头的选择包括探头的型式、频率、带宽、晶片尺寸和横波斜探头 K 值的选择等。

常用的探头型式有纵波直探头、横波斜探头、纵波斜探头、双晶探头、聚焦探头等。一般根据工件的形状和可能出现缺陷的部位、方向等条件来选择探头的型式，使声束轴线尽量与缺陷垂直。

纵波直探头波中轴线垂直于检测面，主要用于检测与检测面平行或近似平行的缺陷，如制件、钢板中的夹层、折叠等缺陷。

纵波斜探头主要是利用小角度的纵波进行检测，或在横波衰减过大的情况下，利用纵波穿透能力强的特点进行斜入射纵波检测。此时工件中既有纵波也有横波，使用时需注意横波干扰，可利用纵波和横波的速度不同加以识别。

双晶探头用于检测薄壁工件或近表面缺陷，探头发射的超声脉冲频率都不是单一的，而是有一定带宽的。宽带探头对应的脉冲宽度较小，深度分辨率较好，盲区小，但由于探头使用的阻尼较大，通常灵敏度较低；窄带探头则脉冲较宽，深度分辨力较差，盲区大，但灵敏度较高，穿透能力强。研究表明，宽带探头由于脉冲短，在材料内部散射噪声较高的情况下，具有比窄带探头信噪比好的优点。如对晶粒较粗大的铸件、奥氏体钢等宜选用宽带探头。一般在支柱绝缘子的探伤过程中，探头频率根据需要在 $1\sim5MHz$ 范围内选择，推荐为 $2.5MHz$。探头声速轴线水平偏离角不大于 $2°$，主声速垂直方向下应有明显的双峰。

3. 耦合剂的选择

超声耦合是用来排除探头和工件表面之间的空气，使超声波能有效地穿入工件，以达到检测的目的。超声耦合好，声强透射率高。为了提高耦合效果而加在探头和检测面之间的液体薄层称为耦合剂。耦合剂的作用是排除探头与工件表面之间的空气，使超声波能有效地传入工件，达到检测的目的。此外，耦合剂还有减小摩擦的作用。

一般耦合剂应满足以下要求：

(1) 能润湿工件和探头表面，流动性、黏度和附着力适当，不难清洗。

(2) 声阻抗高，透声性能好。

(3) 来源广，价格便宜。

(4) 对工件无腐蚀，对人体无害，不污染环境。

(5) 性能稳定，不易变质，能长期保存。

超声检测中常用的耦合剂有机油、变压器油、甘油、水、水玻璃和化学糨糊等。它们的声阻抗 Z 值如表 3-3 所示。

表 3-3　　　　　　　　常用耦合剂的声阻抗 Z 值

耦合剂	机油 $[10^6\,kg/(m^2 \cdot s)]$	水 $[10^6\,kg/(m^2 \cdot s)]$	水玻璃 $[10^6\,kg/(m^2 \cdot s)]$	甘油 $[10^6\,kg/(m^2 \cdot s)]$
Z 值	1.28	1.5	2.17	2.43

由此可见，甘油声阻抗高，耦合性能好，常用于一些重要工件的精确检测，但价格较贵，对工件有腐蚀作用。水玻璃的声阻抗较高，常用于表面粗糙的工件检测，但清洗不太方便，且对工件有腐蚀作用。水的来源广，价格低，常用于水浸检测，但容易流失，易使工件生锈，有时不易湿润工件。机油和变压器油黏度、流动性、附着力适当，对工件无腐蚀、价格也不贵，因此是目前在实验室里使用最多的耦合剂。

近年来，化学糨糊也常用来作耦合剂，耦合效果比较好，因其成本低、使用方便，故大量用于现场检测。

四、辅助超声检测装置的使用

在实际检测的过程中，由于支柱绝缘子的重量大，导致搬动较为困难，同时支柱绝缘子的超声波检测工作为多人配合性质的工作，一般需要 2 人配合移动、分离绝缘子群，1 人配合探伤人员周向转动绝缘子，1 人进行超声波探伤工作。整个过程配合人员的投入和工作量都较大，而且工作中稍有不慎，容易损伤绝缘子瓷片，对设备的后续安装造成影响，将因此会带来不必要的损失。

为解决目前超声波探伤工作中所遇到的困难，毛水强等人通过研究支柱绝缘子检测平台，为探伤工作提供良好的工作平台，省去分离绝缘子群、双人旋转绝缘子的步骤，使探伤配合工作投入成本最低、效率更高。

根据设计图如图 3-2 进行设计加工，得到了实物装置图如图 3-3 所示。

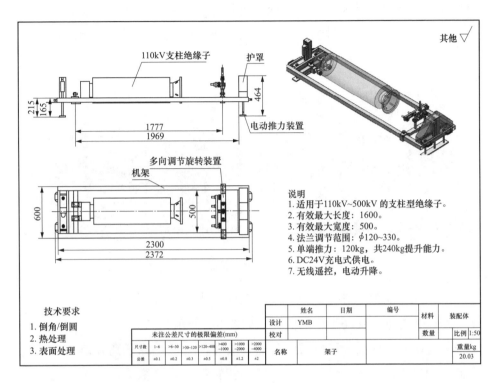

图 3-2　设计图

图 3-3　实物装置图

装置整体为刚性结构框，功能上分为"承载结构""提升结构""旋转结构"三大项。

使用辅助超声波探伤装置有效地解决了传统探伤方式需要人工搬运支柱绝缘子的问题，极大地提高了探伤过程的工作效率，使用该装置省去了人工旋转支柱绝缘子的过程，在节约人工支出的同时，提高了检测过程中绝缘子的安全性，如图 3-4 所示。

图 3-4　现场检测

对三大功能模块进行整合，制作完成了支柱绝缘子检测平台，并确定了应用该装置进行探伤工作的流程，如图 3-5 所示。

装置研发完成后，可借用电动提升装置使支柱绝缘子离开地面，为超声波检测过程做准备。随后，利用转动臂转动支柱绝缘子，轻松完成支柱绝缘子一周的耦合材料涂抹及超声波检测工作，如图 3-6 所示。

使用该装置可满足以下的要求：

（1）在绝缘子进场后并排放置的情况下，不搬动支柱绝缘子便能进行超声波探伤（即装置要能将支柱绝缘子原地抬高、转动）。

（2）将支柱绝缘子抬高后，其颈部要留有空间进行超声波探伤试验。

（3）在进行一定角度的旋转后，装置要有锁止功能，以便于探伤。

（4）不受地形限制，在斜坡、粗糙地面亦可开展。

（5）能够满足 35、110、220、500kV 各种型号支柱绝缘子的使用，其耐受重量不低于 150kg，并且经久耐用。

采用本装置辅助探伤试验，能最大限度地保护支柱绝缘子不受损伤，省去了分离绝缘子群、双人旋转绝缘子的步骤，使探伤配合工作投入成本最低、效率更高。在试验时，探伤专业人员体会：本装置的使用上手较快，为探伤工作提供了良好的条件，在进行缺陷的定位和判断时，可采取最佳手势，使缺陷判定更舒适，进而使试验结果更准确。

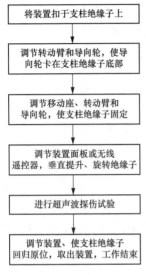

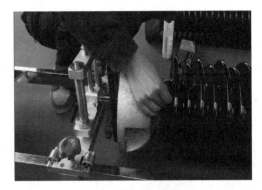

图 3-5　探伤流程图　　　　　　　　图 3-6　探伤检测

五、具体检测

检测前应充分了解设备的有关状况，如设备的运行情况、支柱瓷绝缘子及瓷套的外形尺寸、结构型式；查阅制造厂出厂和安装时有关质量资料；查看被检支柱瓷绝缘子及瓷套上的产品标识和表面状况等。

1. 检测设备调整

在检测前，应对仪器进行扫描速度调整和检测灵敏度调整，以确保在确定的检测范围内发现规定尺寸的缺陷，并确定缺陷的位置和大小。调整过程主要有以下三个部分：

（1）时基线的调整。

1）调整的目的：①使时基线显示的范围足以包含需检测的深度范围；②使时基线刻度与在材料中声传播的距离成一定比例，以便准确测定缺陷的深度位置。

2）调整的内容：①调整仪器示波屏上时基线的水平刻度 τ 与实际声程

x（单程）的比例关系，即 $\tau : x = 1 : n$，称为扫描速度或时基线扫描线比例。它类似于地图比例尺，如扫描速度 1:2 表示仪器示波屏上水平刻度 1mm 表示实际声程 2mm。通常扫描速度的调整是根据所需扫描声程范围确定的。②扫描速度确定后，还需采用延迟旋钮，将声程零位设置在所选定的水平刻度线上，称为零位调节。通常接触法中，声程零位放在时基线的零点，时基线的读数直接对应反射回波的深度。

调节的一般方法是根据检测范围，利用已知尺寸的试块或工件上的两次不同反射波，通过调节仪器上的扫描范围和延迟旋钮，使两个信号的前沿分别位于相应的水平刻度值处。不能利用始波和一个反射波来调节，因为始波与反射波之间的时间包括超声波通过保护膜、耦合剂的时间，始波起始点不等于工件中的距离零点，这样扫描速度误差大。

用来调节的两个已知声程的信号可以是同材料的试块中的人工反射体信号，也可以是工件本身已知厚度的平行面的反射信号。须注意的是，调节扫描速度用的试块应与被检工件具有相同的声速，否则调定的比例与实际不符，如图 3-7 所示。

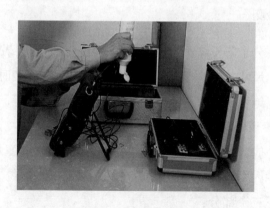

图 3-7　时基线调整

（2）检测灵敏度的调整。检测灵敏度是指在确定的声程范围内发现规定大小缺陷能力。一般根据产品技术要求或有关标准确定，可通过调节仪器上的增益、衰减器、发射强度等灵敏度旋钮来实现。

调整检测灵敏度的目的是发现工件中规定大小的缺陷，并对缺陷定量。

检测灵敏度太高或太低都对检测不利。灵敏度太高，示波屏上杂波多，缺陷判断困难。灵敏度太低，容易发生漏检。

调整检测灵敏度常使用试块调整法。试块调整法：对于工件厚度 $x<3N$ 的情况，或不能获得底波时，采用试块调整法较为适宜，因为 $x<3N$ 时不符合计算法的适用条件，且幅度随距离的变化不是单调的，如部分钢板检测、锻件检测等。

根据工件的厚度和对灵敏度的要求选择相应的试块，将探头对准试块上的人工反射体，调整仪器上的有关灵敏度旋钮，使示波屏上人工反射体的最高反射回波达到基准高度。同时，在采用试块调整法必须考虑试块的表面状态和材质衰减等是否与被检工件相近。在选取试块之后，必须考虑因两者的差异引起的反射波高差异值，并对灵敏度进行补偿。两者的差异称为传输修正值。例如超声检测厚度为 100mm 的锻件，检测灵敏度要求是不允许存在 $\phi2mm$ 平底孔当量大小的缺陷，假定传输修订正值为 3dB。

检测灵敏度的调整方法是：选用 CS—2 标准试块，该试块中有一位于 100mm 深度的 $\phi2mm$ 平底孔。将探头对准 $\phi2mm$ 平底孔，仪器保留一定的衰减余量，将抑制旋钮调整至"0"，调衰减（或增益）旋钮使 $\phi2mm$ 平底孔的最高回波达 80% 或 60%，完成上述调整后，再用衰减（或增益）旋钮将幅度显示趋高 3dB，以进行传输修正，如图 3-8 所示。

图 3-8　灵敏度调整

2. 检测区域选定

受其结构及在运行中的受力状况等因素影响，主要检测区域是上、下瓷件端头与法兰胶装整个区域，重点是法兰口内外 5mm 与瓷体相交的区域，如图 3-9 所示。

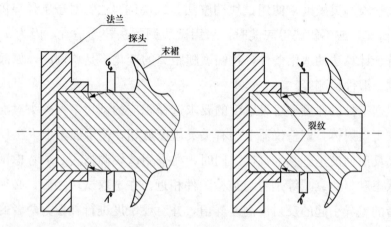

图 3-9　检测区域

爬波探头检测支柱瓷绝缘子表面缺陷。纵波斜入射探头检测支柱瓷绝缘子内部及对称外表面缺陷。

支柱瓷绝缘子从普通瓷到高强瓷的声速范围为 5800～6700m/s，差别约为 900m/s，如此大的偏差范围会给支柱瓷绝缘子及瓷套的有效检测带来显著影响，因此需要对不同批次不同规格的支柱瓷绝缘子进行声速的测定，根据声速确定参考试块、爬波探头的选择。

声速测定方法如下：

（1）使用外卡尺测出支柱瓷绝缘子直径，至少每隔 90°测量一点，做好记录并将测量数据输入仪器。

（2）将 5MHzϕ10mm 直探头置于外卡尺测点，找到一次底波，波高调整到＞80％满屏高度，并将其移动到闸门范围内，提高灵敏度再找出二次底波回波＞80％满屏高度，并将回波限制在闸门内，仪器将自动进行测试并显示出声速值。

3. 探头（曲面）的选定

一般可在支柱瓷绝缘子直径变化 20mm 范围内选用一种规格弧度的探头，但仅允许曲率半径大的探头可以探测曲率半径小一档的瓷件（一档为

20mm）。支柱瓷绝缘子直径大于 ϕ220mm 时采用平面探头。

4. 小角度检测与爬波检测

（1）小角度纵波检测。

1）扫描速度的调整。按深度调整扫描速度，可直接用所检支柱绝缘子的两次底波进行调整，也可用声学性能与所检支柱绝缘子声学性能相近的底波进行调整。

2）灵敏度的选择。将探头对准试品，直接将底波调整到满幅的 80% 作为探伤灵敏度，或者用与试品声学性能相同的试块进行调整，将探头对准试块，将试块的底波调整到满幅的 80%。

3）扫查方式。沿轴向和圆周方向移动探头。保证声束能覆盖到工件的整个检测区域。

4）缺陷指示长度的确定。用半波高度法（6dB 法）测定缺陷指示长度。纵波检测时缺陷长度应将外表面测量的长度按照在圆柱体中的深度折算成实际长度。然后按照标准加以判定。折算公式为：

$$l = \left(\frac{R-h}{R}\right) \times L$$

式中 l——折算后的长度；

　　　R——半径；

　　　h——缺陷指示深度，$h \leqslant R$；

　　　L——表面检测长度。

5）波形分析。检测波形如图 3-10 所示。

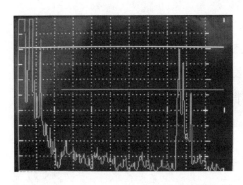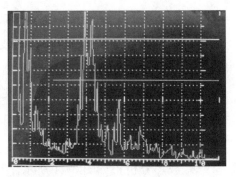

图 3-10　检测波形

如图 3-10，当瓷件内部良好时，只存在底部反射波；当瓷件内部不良时，出现了缺陷波，当缺陷比较大时，底部反射波还会消失。

6）缺陷判定。执行标准 Q/GDW 407—2010《高压支柱瓷绝缘子现场检测导则》第 3.2.3 条相关要求对缺陷进行判定。采用纵波斜探头探伤方法进行检测时，出现下列情况之一，应判废：①只有缺陷波出现而无底波出现时；②缺陷波与底波同时出现，缺陷波比底波高出 6dB 以上；③缺陷波与底波同时出现，缺陷指示长度大于等于 10mm 时；④缺陷波与底波同时出现，缺陷波比底波高 0～6dB，缺陷指示长度小于 10mm 时，应将缺陷记录存档，在下次检测时看缺陷有无变化，如果缺陷深度或长度增加，应予判废；⑤缺陷波与底波同时出现，缺陷波比底波高 0～6dB，缺陷指示长度大于等于 10mm 时，应予判废。

（2）爬波检测。

1）扫描速度的调整。爬波探头前沿对准试块 1mm 人工割口处，把反射波调到仪器水平刻度 2 之上，把探头往后拉动 4cm，使反射波落到仪器水平刻度 6 上，此时比例尺 1∶1（即仪器水平刻度 1 格代表支柱绝缘子上 1cm 的距离）。

2）距离—波幅曲线的确定。将爬波探头置于试块上，相对模拟裂纹以一定间距（如 5mm）移动，在荧光屏上做出裂纹回波幅度随探头至裂纹水平距离变化的曲线，即距离—波幅曲线。

3）探伤灵敏度的调整。利用试块的 1mm 人工割口距离—波幅曲线作为探伤灵敏度。

4）扫查方式。采用径向旋转扫查。

5）缺陷指示长度的确定。发现支柱瓷绝缘子有缺陷时，可采用半波高度法或端点半波高度法对缺陷进行测长。当缺陷波只有一个波峰高点时采用半波高度法，以缺陷最高回波为基准，将探头沿缺陷的长度方向向两端移动，当缺陷波高度下降一半（6dB）时，两端探头的中心点作为缺陷两端的边界，其长度为缺陷的指示长度。

6）波形分析，如图 3-11 所示。

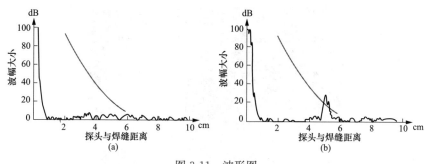

图 3-11 波形图

(a) 内部无缺陷时波形；(b) 内部存在缺陷时波形

如图 3-11 所示，当瓷件良好时，无反射波；当瓷件存在缺陷时，出现缺陷反射波。

7) 缺陷判定。执行标准 Q/GDW 407—2010 第 3.2.3 条相关要求对缺陷进行判定。采用爬波探头探伤方法进行检测时，出现下列情况之一，应判废：①缺陷波高度超过 1mm 人工割口的距离—波幅曲线且指示长度超过 10mm；②缺陷波高度超过 1mm 人工割口的距离—波幅曲线且指示长度小于 10mm 时，应将缺陷记录存档，在下次检测时看缺陷有无变化，如果缺陷深度或长度增加，应判废。

第三节 磁粉检测法操作内容

一、检测内容

磁粉检测主要用于支柱瓷绝缘子的铸铁法兰部位，通过磁粉检测检查铸铁法兰是否有开裂现象，避免造成支柱瓷绝缘子进一步的损害。

二、执行标准

执行标准参考 NB/T 47013.4《承压设备无损检测 第 4 部分：磁粉检测》。

三、检测设备

（1）磁粉探伤仪，如图 3-12 所示。

图 3-12 磁粉探伤仪

（2）磁粉。

（3）磁悬液及反差增强剂，如图 3-13 所示。

图 3-13 磁悬液及反差增强剂

（4）标准试片，如图 3-14 所示。

图 3-14 标准试片

(5) 放大镜。通过放大镜观察磁粉状态，从而判定缺陷位置。

(6) 白布。用于擦拭铸铁法兰及试验后磁悬液。

四、具体检测

1. 准备工作

(1) 磁粉检测方法的选用。采用非荧光、湿法连续法。

(2) 检测仪器。使用磁轭磁粉探伤仪，并检查其状态良好。

(3) 检测仪器要求。当使用磁轭最大间距时，交流电磁轭至少应有 45N 的提升力；直流电磁轭至少应有 177N 的提升力；交叉磁轭至少应有 118N 的提升力。

(4) 磁粉。磁粉要具有高导磁率和低剩磁性质，磁粉不应相互吸引，粒度要均匀，颜色与被检工件表面有较高的对比度。通常使用黑磁膏。

(5) 磁悬液。用水作为分散介质，配置浓度为 10～25g/L。

(6) 标准试片。

1) 试片只适用于连续法检测，不适用于剩磁法检测。用连续法检测时，检测灵敏度几乎不受被检工件材质的影响，仅与被检工件表面磁场强度有关。一般应选用 A_1-30/100 型标准试片，灵敏度要求高时，可选用 A_1-15/100 型试片。

2) 当检测狭小部位时，由于尺寸关系，A_1 型标准试片使用不便时，一般可选用 C-15/50 型标准试片（因 C_1 型试片可剪成 5 个小试片单独使用）。当用户需要或技术文件有规定时，可选用 D 型或 M_1 型标准试片。

3) 根据工件检测所需的有效磁场强度，选取不同灵敏度的试片。需要有效磁场强度较小时，选用分数值较大的低灵敏度试片；需要有效磁场强度较大时，选用分数值较小的高灵敏度试片。

4) 使用时，应将试片无人工缺陷的面朝外。为使试片与被检面接触良好，可用透明胶带将其平整粘贴在被检面上，并注意胶带不能覆盖试片上的人工缺陷区域。

5) 也可选用多个试片分别贴在工件上不同的部位，可以看出工件磁化后被检表面不同部位的磁化状态或灵敏度的差异。

6）M_1 型多功能试片是将三个槽深各异而间隔相等的人工刻槽以同心圆形式做在同一试片上，其三种槽深分别与 A_1 型试片的三种型号的槽深相同，这种试片可一片多用，观察磁痕显示差异直观，能更准确地推断出被检工件表面的磁化状态。

（7）使用标准试片进行磁轭法磁粉检测灵敏度的校验。

1）工作准备：①准备灵敏度试片 A1-30/100；②准备工作正常且提升力满足要求的磁轭式磁粉探伤机；③准备满足标准浓度的磁悬液；④准备实验用铸铁法兰一只。

2）工作程序。①将灵敏度试片放在铸铁法兰上，四边与铸铁法兰接触良好，且试片上无人工缺陷的面朝上，也可以用透明胶带将其平整粘贴在被检面上，并注意胶带不能覆盖试片上的人工缺陷区域；②调节适当的磁轭间距，保持磁轭与工件接触良好，并使灵敏度试片置于磁轭中间；③按动探头手把上的按钮开关，对工件磁化，同时对放置灵敏度试片的部位浇磁悬液，通电时间为 1～3s；④观察灵敏度试片上的磁痕显示。如灵敏度试片上能清晰显示出在磁轭连线垂直方向上的人工缺陷，则灵敏度满足标准要求；如不能，说明检测灵敏度不能满足标准要求了，需要找出原因，并重新进行灵敏度试验，如图 3-15 所示；⑤清理工作现场，清理所用设备及附件。将灵敏度试片用溶剂清洗并擦干，干燥后涂上防锈油，放回原装片袋保存，归还入库。

图 3-15　灵敏度试验

（8）检测面表面状况。

1）铸铁法兰表面粗糙程度不能影响检测结果，必要时进行修磨。

2）铸铁法兰表面不得有油脂、铁锈、氧化皮或其他黏附磁粉的物质。

3）铸铁法兰上孔隙在检测后难于清除磁粉时，要在检测前用无害物质堵塞。

（9）检测时机。当支柱瓷绝缘子超声波检测后，并在支柱瓷绝缘子安装前，应该进行对铸铁法兰的磁粉检测。

2. 预处理

对铸铁法兰表面进行清理，保证被检区域光滑，无油污、铁锈、氧化皮或其他黏附磁粉的物质。

3. 放置标准片

将试片无人工缺陷的面朝外，放置在磁化区域边缘。为使试片与铸铁法兰接触良好，可将其用透明胶带平整黏贴在铸铁法兰上，并注意胶带不能覆盖试片上的人工缺陷。标准片检测如图 3-16 所示。

图 3-16　标准片检测

4. 磁化

（1）采用磁轭法磁化铸铁法兰，其磁化电流根据标准试片实测结果来选择。

（2）磁轭的磁极间距应控制在 75～200mm 之间，检测的有效区域为两极连线两侧各 50mm 范围内，磁化区域每次应有不少于 15mm 的重叠。

5. 施加磁悬液

在通电磁化过程中，采用喷壶在磁轭行走方向的前上方喷洒磁悬液，喷洒前应用力摇动，使磁悬液充分搅拌均匀。现场检测如图 3-17 所示。

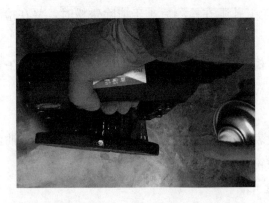

图 3-17　现场检测

6. 观察和记录

（1）磁痕观察。磁痕的观察和评定一般应在磁痕形成后立即进行。

磁粉检测的结果完全依赖检测人员目视观察和评定磁痕显示，所以目视检查时的照明极为重要。

非荧光磁粉检测时，被检工件表面应有充足的自然光或日光灯照明，可见光照度应不小于 1000lx，并应避免强光和阴影。当现场采用便携式手提灯照明，由于条件所限无法满足时，可见光照度可以适当降低，但不得低于 500lx。

荧光磁粉检测时使用黑光灯照明，并应在暗区内进行，暗区的环境可见光照度应不大于 20lx，被检工件表面的黑光辐照度应大于或等于 1000μW/cm。检测人员进入暗区后，至少应经过 5mn 暗区适应后才能进行磁粉检测。检测时检验人员不准戴墨镜或装有光敏镜片的眼镜，但可以戴防护紫外光的眼镜。

当辨认细小磁痕时应用 2～10 倍放大镜进行观察。

（2）缺陷磁痕显示记录。工件上的缺陷磁痕显示记录有时需要连同检测结果保存下来，作为永久性记录。缺陷磁痕显示记录的内容包括磁痕显示的位置、形状、尺寸和数量等。缺陷磁痕显示记录一般采用以下方法：

1）照相。通过照相或摄影记录缺陷磁痕显示时，要尽可能拍摄工件的全貌和实际尺寸，也可以拍摄工件的某一特征部位，同时把刻度尺拍摄进去。如果使用黑色磁粉，最好先在工件表面喷一层很薄的反差增强剂，就能拍摄出清晰的缺陷磁痕照片。如果使用荧光磁粉，不能采用一般照相法，因为观察磁痕是在暗区黑光下进行的，如果采用照相法还应注意：①在照相机镜头上加装520号淡黄色滤光片，以滤去散射的黑光，而使其他可见光进入镜头；②在工件下面放一块荧光板（或荧光增感屏），在黑光照射下，工件背衬发光，其轮廓清晰可见；③最好用两台黑光灯同时照射工件和缺陷磁痕显示；④曝光时间1~3min，光圈8~11，具体可根据缺陷大小和缺陷磁痕显示荧光亮度来调节，就可拍出理想的荧光磁粉检测缺陷磁痕显示的照片。

2）贴印。贴印是利用透明胶纸粘贴复印缺陷磁痕显示的方法。将工件表面有缺陷部位清洗干净，施加用酒精配制的低浓度黑磁粉磁悬液，在磁痕形成后，轻轻漂洗掉多余的磁粉，待磁痕干后用透明胶纸粘贴复印缺陷磁痕显示，并贴在记录表格上，连同表明缺磁痕显示在工件上位置的资料一起保存。

3）磁粉探伤橡胶型法是用橡胶铸型镶嵌复制缺陷磁痕显示，直观、擦不掉并可长期保存。

4）录像。用录像记录缺陷磁痕显示的形状、大小和位置，同时把刻度尺摄录进去。

5）可剥性涂层。在工件表面有缺陷磁痕显示处喷上一层快干可剥性涂层，干后揭下保存。

6）临摹。在草图上临摹缺陷磁痕显示的位置、形状、尺寸和数量。

7. 后处理

（1）磁粉探伤机使用后的整理与清理。

1）收机时，要按适当的顺序有条理地进行，先切断电源，严禁带电收机。拆卸电缆头时用力要适当，严禁强力生拉硬拽，以避免电缆断线和电缆头损坏。

2）收机过程中，要及时做好磁粉探伤机各个附件的清理工作，用干净的抹布仔细擦洗附件上的油污，尤其要注意连接电缆的电缆头以及电源电线的接头部位的清理，以防止尘土、污物使下一个操作造成短路和接触不良等故障。

3）要仔细清点磁粉探伤机的各个附件，如磁轭、连接电缆、电源电线、稳压器等，确认齐备后再装入专用袋内。

（2）搬运和运输磁粉探伤机的注意事项。

1）搬运磁粉探伤机时要轻拿轻放，严防磕、碰、撞、摔；摆放位置须稳妥、牢靠。

2）用车辆运输时，要有相应的绑扎、稳固设置等；要采用可靠的防震措施，避免因剧烈震动而造成磁粉探伤机的损坏。

（3）磁粉检测后工件表面清理的要求。磁粉检测工作结束后，工件表面的磁悬液（细分）会对该工件的下道工序或今后的使用产生不利影响，应采用适当的方法清理干净。

1）可用干净的抹布擦洗工件表面（包括孔和通路中）的磁粉、磁悬液。

2）使用水磁悬液检验时，为防止工件生锈，可用脱水防锈油处理。

3）如果使用过封堵，应去除。

4）如果涂覆了反差增强剂，应清洗掉。

5）被拒收的工件应隔离。

（4）标准试片的日常维护要求。

1）试片使用后应用溶剂清洗并擦干。

2）将干燥后的试片涂上防锈油，放回试片袋中保存。

3）试片表面有修饰或有褶纹时，不得继续使用。

8. 检测结果的评定

根据 NB/T 47013.4—2015《承压设备无损检测　第 4 部分：磁粉检测》或有关标准、技术文件的规定要求进行。

第四节　射线检测法操作内容

一、检测内容

采用 X 射线对支柱瓷绝缘子内部结构进行成像，采用先进的数字图像技术，检测支柱瓷绝缘子底部、顶部与铸铁法兰处的连接处是否有裂纹等缺陷。

二、执行标准

执行标准为 NB/T 47013.2—2015《承压设备无损检测　第 2 部分：射线检测》。

三、检测设备

射线检测设备包含 X 光胶片、增感屏、中心指示器、专用支架、钢直尺、合格的像质计等。

四、具体检测

1. 射线检测工艺卡

射线工艺卡中有明确的检测方法、操作程序和确定的检测工艺参数，用以指导无损检测工作。无损检测员遵循工艺卡的要求，通常可获得满意的射线检测结果。

2. 工艺卡形式

按照行业标准 NB/T 47013.2—2015 的要求，射线检测工艺卡中需包含：产品编号、产品名称、产品规格、产品材质、工艺卡号、胶装材质、执行标准、探伤机型号、验收等级、焦点尺寸、像质计灵敏度值、显影时间、显影湿度、透照方式、透照厚度、焦距、透照次数、一次透照长度、曝光时间和透照布置示意图等。

3. 射线检测工艺卡的识读

射线检测工艺卡是无损检测员对具体检测对象进行射线检测时必须遵

循的工艺性文件，在进行射线检测前应认真识读工艺卡，掌握以下含义和要求：

（1）产品编号、产品名称、产品规格、产品材质、对接方法栏等描述的是被检测工件的属性，无损检测员应当按以上内容核对、确认被检测工件。

（2）工艺卡号是工艺卡的管理属性，是按照无损检测相关的管理程序进行编制的，具有唯一性。无损检测员按照工艺卡进行射线检测时应及时做好检测记录，该记录应与工艺卡相对应。

（3）执行标准、检测比例、照相技术级别、验收等级是法规属性，由法规规范或设计文件做出规定，填入工艺卡。照相技术级别涉及多项工艺参数，验收等级是指被检工件合格与否的质量要求，无损检测员可以从工艺卡指定的标准中了解相关条款，在检测工作中严格执行。

（4）探伤机型号、焦点尺寸、胶片牌号、胶片规格、增感屏、像质计型号、像质计灵敏度值、底片黑度、显影液配方、显影时间、显影温度是检测时的技术条件参数，规定了对被检工件进行射线检测时所要求的条件，应根据本单位的通用工艺选取，并应符合有关标准。

（5）检测时机主要根据被检测工件缺陷形成的最后时间确定，有时还需要考虑前、后工序对检测适宜性的影响和返修成本。无损检测员应当按工艺卡规定的时机实施检测。

（6）透照方式、透照厚度、教具、透照次数、一次透照长度、管电压或源活度、曝光时间等是进行射线检测时所选择的透照工艺参数，是通过查阅标准，必要时通过相关计算获得的。按照这些参数进行透照，可获得满足相关标准要求的检测比例和射线照相灵敏度。

（7）透照布置示意图是用来反射线源、被检测工件和胶片等之间相对位置的，必要时也可画入屏蔽措施的示意图。

（8）技术要求及说明用来补充说明上述工艺条件和工艺参数的相关内容，以及辐射防护和职业安全卫生方面的有关内容。

（9）根据标准规定，工艺卡应由具有相应资格的编制、审核人员签字后才有效，因此，无损检测员应当在确认栏内责任人签字后方再执行该工艺卡。

4．工作准备

（1）仔细识读射线检测工艺卡，充分了解工艺卡中对射线检测设备、器材及相关参数的要求，具体包括探伤机型号，焦点尺寸，胶片牌号及规格，增感屏材质及前、后屏厚度，像质计材质及型号等。

（2）按工艺卡要求领取 X 射线探伤机，核准其型号；检查外观：机头、操作箱应无损坏；检查操作箱面板上的各旋钮：转动灵活，无松动；检查配件：电源电缆和操作箱与机头的连接电缆无破损，电缆头完好，无锈蚀；检查探伤仪使用有效期：在其校验（或期间核查）有效期内；曝光曲线清晰、完整，且在校核有效期内。

（3）根据工艺卡中的胶片尺寸领取暗袋、增感屏及胶片，其数量应满足检测工作量的要求，并适当保持一些余量；仔细核准暗袋的尺寸，逐一检查暗袋有无破损、封口是否完好；核准增感屏的尺寸及前、后屏的厚度，逐一检查增感屏的前、后屏是否光滑、清洁、完好，有无脱胶、损伤、变形现象；核准胶片的型号和尺寸。

（4）按工艺卡要求领取像质计，核准其材质和型号、数量应满足检测的要求；逐一检查像质计，像质计应无破损、弯折。

（5）申请领取屏蔽铅板、中心指示器、卷尺、铅遮板、贴片磁钢、各式铅字、胶带、划线尺、石笔、记号笔等射线照相辅助器材，屏蔽铅板、卷尺、铅遮板等规格应满足射线检测要求。

（6）申请领取与辐射防护有关的设备、器材，具体包括辐射剂量仪、报警器、警示灯、警戒绳、警示标牌等。辐射剂量仪、报警器须完好，且在检定有效期内。

5．射胶片的切、装

胶片可分为普通感光胶片和射线照相胶片（又称为射线胶片、X 射线胶片、X 光片）。射线照相胶片又分为医用射线照相胶片和工业用射线照相胶片，两者的结构、感光度、梯度、颗粒度均不相同。下面主要介绍工业用射线照相胶片。

（1）工业用射线照相胶片的构造与特点。工业用射线照相胶片不同于普通感光胶片。普通感光胶片只在胶片片基的一面涂布感光乳剂层，在片基的另一面涂布反光膜；而射线照相胶片在胶片片基的两面均涂布感光乳剂层，从而提高胶片的感光速度，同时增加底片的黑度。工业用射线照相胶片包括：

1）片基：片基是感光乳剂层的支持体，在胶片中起骨架作用，厚度为0.175～0.20mm，大多采用醋酸纤维或聚酯材料（涤纶）制作。

2）结合层（又称黏合层底膜）：结合层的作用是使感光乳剂层和片基牢固地黏结在一起，以防止感光乳剂层在冲洗时从片基上脱落。结合层由明胶、水、表面活性剂（润湿剂）、树脂（防静电剂）组成。

3）感光乳剂层（又称感光药膜）：感光乳剂层每层厚度为 $10\sim20\mu m$，通常由溴化银微粒在明胶中的混合体构成。乳剂中加入少量碘化银，可改善感光性能。感光乳剂中卤化银的含量，卤化银颗粒团的大小、形状，决定了胶片的感光速度。

4）保护层（又称保护膜）：保护层是一层厚度为 $1\sim2\mu m$、涂在感光乳剂层上的透明胶质，其作用是防止感光乳剂层受到污损和摩擦，主要成分是明胶、坚膜剂（甲醛及盐酸萘的衍生物）、防腐剂（苯酚）和防静电剂。为防止胶片黏连，有时还在感光乳剂层上涂布毛面剂。

（2）射线胶片的感光特性主要包括感光度（S）、梯度（G）、灰雾度（D_0）、宽容度（L）等。

1）感光度（S）：底片获得一定净黑度所需曝光量的倒数。与乳剂层中的含银量、明胶成分、增感剂含量以及银盐颗粒大小、形状有关；感光度的测定结果还受到射线能量、显影液配方、温度、时间以及增感方式的影响；同一类型的胶片来说，银盐颗粒越粗，其感光度越高。

2）梯度（G）：胶片对不同曝光量在底片上显示不同黑度差别的固有能力，与胶片的种类、型号和底片的黑度有关。

3）灰雾度（D_0）：未经曝光的胶片经显影和定影处理后所有的黑度，又称为本底灰雾度，灰雾度由片基光学密度和胶片乳剂经化学处理后的固有光学密度两部分组成。通常感光度高的胶片要比感光度低的胶片灰雾度大；保存条件不当和保存时间过长也会使用灰雾度增大；此外，底片所显示的灰雾不仅与胶片灰雾特性有关，而且与显影液配方、显影温度、时间等因素有关。

4）宽容度（L）：指胶片有效黑度范围相对应的曝光范围。与胶片梯度有关。

（3）射线胶片的使用与保管方法。射线胶片使用与保管的注意事项如下：

1）胶片不可接触氨、硫化氢、煤气、乙炔等有害气体和酸，否则会产生灰雾。

2）开封后的胶片和装入暗袋的胶片要尽快使用，如工作量较小，一时不能用完，则要采取干燥措施。

3）胶片宜保存在低温、低湿环境中，温度通常以 10～15℃ 为最好；湿度应保持在 55％～65％ 之间。湿度高会使用胶片与衬纸或增感屏黏在一起；但空气过于干燥，容易使胶片产生静电感光。

4）胶片应远离热源和射线的影响。

5）胶片应竖放，避免受压。

6）暗室切、装胶片的要求。

（4）暗室切、装胶片时一般有以下要求：

1）裁切胶片应采用专用的裁片刀进行。

2）将整张大胶片裁切成小胶片时，应合理布置，尽可能提高胶片有效利用率。

3）胶片裁切时的尺寸大小应与所装入的暗袋相匹配。

4）裁切胶片时不可把胶片上的衬纸取掉裁切，以防止裁切过程中将胶片划伤。

5）不要多层胶片同时裁切，以防止轧刀擦伤胶片。

6）装片和取片时，胶片与增感屏应避免摩擦；否则会擦伤胶片，显影后底片上会产生黑线。

7）切、装胶片的过程中应避免胶片受压、受曲、受折；否则会在底片上出现新月形影像的折痕。

8）在暗室切、装胶片时不宜距离红灯过近，胶片在红光中暴露时间不宜过长。

6. 射线检测胶片的切、装

（1）工作准备。

1）检查工作台是否清洁、干燥；检查裁片刀是否满足切片要求；检查暗室红灯是否能够正常工作，其工作距离是否满足要求。

2）根据需要准备一定数量和规格的暗袋和增感屏，暗袋与增感屏应匹配；逐一检查暗袋和增感屏，漏光的暗袋、有明显折皱和划痕等破损的增感屏都不能使用；前、后增感屏应按次序放好，以防止在暗室操作时装反。

3）根据检验项目要求准备相应型号、规格和数量的胶片。

（2）工作程序。

1）根据检验项目要求所确定的胶片规格，在尺寸与整张大胶片相同的夹片纸上确定合理的裁切方案，以免造成胶片的浪费。

2）根据拟订的裁切方案，在裁片刀的平板上用图钉或胶布固定待切胶片的长、宽尺寸。

3）打开暗室红灯，关闭门窗，拉上门帘、窗帘，并检查是否漏光。

4）经过适当时间的暗适应后，开始切片、装片操作。

5）打开胶片包装盒及包装袋，连同夹片纸抽取一张胶片，置于裁片刀的平板上，根据图钉或胶布固定的位置裁切胶片。

6）将裁切好的胶片分规格包装、保存。多余未裁切的胶片仍按原样封好保存。

7）装片时，打开所需规格的胶片包装，小心拿放胶片：拿放时用手指夹住片缘，去掉夹片纸，放入前、后增感屏中间，轻轻理齐后装入暗袋中，（加盖）封闭袋口使其不曝光；逐盒操作，直至完毕。

（3）注意事项。

1）胶片裁切时应与胶片包装纸一道进行，以防止划伤胶片。

2）裁片刀、暗袋、增感屏等应保持清洁和平整，应经常擦拭。

3）在胶片的切装过程中，手要保持干燥、洁净，手指不可触及药膜面，避免药膜面的擦、碰、压、折等损伤。

　　4）装好胶片的暗袋应侧立存放，不可重叠堆放。

　　7. 配制胶片处理液

　　（1）胶片处理药液的组成及其作用。

　　胶片处理需要显影液、停液和定影液，药液配方和配制药液的质量直接影响底片的质量。胶片处理药液的配制就是按照各种药液的配方，从市场上买回各种化学药剂，再按配方上的用量比例用天平称量好后，按顺序逐一溶解调配成各种显影、定影、停显等药液，是暗室处理的第一步。

　　1）显影液的组成及其作用。胶片曝光以后在其乳剂层中形成潜影，必须经过显影才能把潜影转化为可见的影像。胶片显影后所表现出来的感光性能（如黑度、对比度、颗粒度等）与所采用的显影配方和操作条件密切相关。

　　一般显影液中含有显影剂、保护剂、促进剂和抑制剂四种主要成分。此外，有时还加入一些其他物质，如坚膜剂和水质净化剂等。显影液有显影剂（米吐尔、菲尼酮、对苯二酚）、保护剂（亚硫酸钠）、促进剂（碳酸钠、硼砂，有时也用氢氧化钠等强碱）、抑制剂（溴化钾、苯并三氮唑）、溶剂（水）。

　　2）停显液的组成及其作用。从显影液中取出胶片后，显影作用并不立即停止，胶片乳剂层中残留的显影液还在继续作用。此时若将胶片直接放入定影液，容易产生不均匀的条纹和两色性雾翳。两色性雾翳是极细的银粒沉淀，在反射光下呈蓝绿色，在透射光下呈粉红色。如果将胶片上残留的碱性显影液带进酸性定影液，会污染定影液，并使 pH 值升高，将大大缩短定影液的使用寿命。因此，显影之后必须进行停显处理，然后再进行定影。

　　停显液通常为 2‰～3‰ 的醋酸水溶液。将胶片放入停显液后，残留的碱性显影液被中和，pH 值迅速下降至显影停止点，明胶的膨胀也得到控制。

　　停显时由于酸碱中和，乳剂层中会产生二氧化碳气泡从表面排出，在操作时应不停搅动。在热天或药液温度较高时，药膜极易损伤，可在停显液中加入坚膜剂（无水硫酸钠）。

3）定影液的组成及其作用。显影后的胶片，其乳剂层中大约还有70%的卤化银未被还原成金属银，这些卤化银必须从乳剂层中除去，才能将显影形成的影像固定下来，这一过程称为定影。在定影过程中，定影剂与卤化银发生化学反应，生成溶于水的络合物，但对已还原的金属银则不发生作用。定影液包含有定影剂、保护剂、坚膜剂、酸性剂和溶剂五种组分。

（2）显影、定影药液的配制程序、注意事项及相关说明。

1）显影、定影药液的配制程序。配制显影、定影药液时，其程序应严格按照配方中规定的次序进行，切不可随意倒次序。

在配制显影液时，因米吐尔不能溶于亚硫酸钠溶液，故应最先加入，其余显影剂都应在亚硫酸钠之后加入。

在配制定影液时，亚硫酸钠必须在加酸之前溶解，以防止硫代硫酸钠分解；硫酸铝钾必须在加酸之后溶解，以防止水解产生氢氧化铝沉淀。

2）显影、定影药液配制的注意事项及相关说明。

① 配液的容器应使用玻璃、搪瓷或塑料制品，也可使用不锈钢制品，搅拌棒也应用上述材料制作，切忌使用铜、铁、铝制品，因为铜、铁等金属离子对显影剂的氧化有催化作用。

② 配液用水可使用蒸馏水、去离子水、煮沸后冷却水或自来水、井水、河水。对井水或河水应进行再制，以降低硬度，提高纯度。

③ 配制显影液的水温一般为 30～50℃，水温太高会促使某些药品氧化，太低又会使某些药品不易溶解。配制定影液的水温可升至 60～70℃，因为硫代硫酸钠溶解时会大量吸热。

④ 配液时应不停地搅拌，以加速溶解。但显影液的搅拌不宜过于激烈，且应朝着一个方向进行，以免发生显影剂氧化现象。

⑤ 配液时宜先取总体积 3/4 的水量，待全部药品溶解后再加水至所要求的体积，配好的药液应静置 24h 后再使用。

⑥ 配好的药液不用时应加盖保存。

⑦ 虽然显影、定影药液自行配制比较烦琐，费时费力，但药液配制是

无损检测员的基本技能，应该掌握。

⑧ 一种比较省事的方法是使用配制好的粉剂（散包药）。这类散包药的包装上都会注明溶水量和配制方法，使用时只需按顺序将包装内的小包药粉逐个溶解即可。

⑨ 最简便的方法是使用显影、定影浓缩液（套药）。浓缩液在使用时只需按厂家推荐的比例稀释即可，十分方便。

8. 配制胶片处理药液

（1）工作准备。

1）温度计：量程为 100℃、刻度为 1℃ 的酒精玻璃温度计或半导体温度计。

2）天平：称量精度为 0.1g 的托盘天平。

3）量筒、盛装容器：塑料、搪瓷、玻璃或不锈钢器皿，其大小视配液多少而定。

4）搅拌棒：不锈钢或塑料等细棒。

（2）工作程序。

1）显影液的配制（以米吐尔显影液配方为例）。

① 称量药品。准备一些大小相同的白纸，每称量一种药品更换一张，既能防止药品相互污染又能保持天平的洁净。按配方中各种药品所需的质量将药品分别称量并摆放好。

② 准备温水。水温用温度计测量，适宜的水温为 30～50℃。米吐尔显影液配液温度为 50℃，准备 50℃ 左右的温水 750mL。

③ 溶解药品。先将米吐尔放入水中搅拌，使其溶解。待米吐尔完全溶解后，放入亚硫酸钠，然后依次将对苯二酚、碳酸钠、溴化钾放入溶液中。加放药品时应注意：待前一种药品溶解后方可投入下一种药品。配液时应不停地搅动，以加速溶解，但搅拌不可过于激烈，且应朝着一个方向进行，以免显影剂被氧化。待全部药品溶解后加水至 1000mL，显影液配制完成。

2）停显液的配制。

① 量取药品。用量筒量取 20mL 冰醋酸（温度高于 16.7℃ 时为液体）。

② 准备水。用量筒量取 750mL 水。

③ 溶解药品。将冰醋酸倾倒入水中，并不停地搅动，以加速混合均匀。

④ 待冰醋酸与水充分混合后加水至 1000mL，摇匀（或搅动均匀），停显液配制完成。

3）定影液的配制。

① 称量药品。用天平称量出配方中所需的各种药品，药品用量应严格按配方中的规定。

② 准备温水。水温用温度计测量，适宜的水温为 6～70℃。F5 型定影液采用 65℃ 温水配制，水量为 600mL 左右。

③ 溶解药品。在配制定影液时，亚硫酸钠必须在加酸之前溶解，以防止硫代硫酸钠分解。硫酸铝钾必须在加酸之后溶解，以防止水解产生氢氧化铝沉淀。

首先将硫代硫酸钠放入温水中搅拌，使其溶解。然后将亚硫酸钠投入水中，待其充分溶解后，再依次加冰醋酸、硼酸，最后投入硫酸铝钾。每种药品加入前，一定要等前一种药品充分溶解，且不可随意颠倒顺序。配液时应朝着一个方向不停地搅拌溶液。待全部药品溶解后加水至 1000mL，定影液配制完成。

（3）注意事项。

1）配液用水可使用蒸馏水、去离子水、煮沸后冷却水或自来水、井水、河水，井水或河水应进行处理后使用，以降低硬度，提高纯度。

2）配液时应严格按配方中的次序投入药品，待前一种药品充分溶解后方可投入下一种药品，切不可随意颠倒次序。

3）各药品用量严格按配方规定。

4）配好的药液应静置 24h 后使用。

5）配制药液时，如果使用的药品含结晶水，应进行质量换算，以保证配方中各药品所占的比例。

6）暂时不用的显影液应放入棕色瓶中保存，以防止氧化。

9. X 射线机的工作过程及其注意事项

（1）X 射线机的工作过程可以概括为六个阶段。

1）通电。接通外电源，调压器带电，同时启动冷却系统，开始工作。

2）灯丝加热。接通灯丝加热开关，灯丝变压器开始工作，变压器的二次电压（一般为 5～20V）加到 X 射线管的灯丝两端，灯丝被加热发射电子，X 射线机处于预热状态。便携式 X 射线机在接通外电源以后，灯丝变压器即开始工作，灯丝被加热发射电子。

3）高压加载。接通高压变压器开关，高压变压器开始工作，二次高压加在 X 射线管的阳极与阴极之间，灯丝发射的电子在这个高压作用下被加速，高速飞向阳极并与阳极靶发生撞击，X 射线管开始辐射 X 射线。

4）管电压、管电流调节。接通高压以后同时调节调压器和毫安调节器，得到所需要的管电压和管电流，使 X 射线机在这种状态下工作。调节时应保持电压调节在前，电流调节稍后。

5）中间卸载。一次透照完成后，先降低管电压和管电流，再切断高压，按照 X 射线机规定的工作方式进行空载冷却，准备再次高压加载进行透照。

6）关机。按照中间卸载方式卸载，经过一定的冷却时间冷却后，断开灯丝加热开关，再断开电源开关。现在许多 X 射线机已改为高压、管电流可以预置，接通高压开关后，X 射线机的控制部分自动调节、逐步达到所需要的高压和管电流，不再需要进行人工调节；多数控制箱已改为数字显示和数字式调节方式调节。

（2）X 射线机使用时的注意事项。

1）不能超负荷使用。X 射线机都有规定的额定电压、额定电流（管电流）、加载与冷却循环交替的工作方式，在使用时必须遵守这些规定。

2）定时训机。X 射线管是一个高真空的器件，如果真空度降低，将引起高压击穿，损坏 X 射线管。

3）充分预热与冷却。X 射线机在开机后，应使灯丝经历一定的加热时间后，再将高压送到 X 射线管；关机前，应使 X 射线管的灯丝在无高压下保持加热一段时间。这将减少 X 射线管灯丝不发射电子状态与强烈发射电子状态之间的突然变化，以保证 X 射线管的使用寿命。

在使用 X 射线机时，还必须注意充分冷却。由于 X 射线管中电子动能的绝大部分转换为热能，使阳极急剧升温，如果不注意充分冷却，将导致阳极过热，把阳极面蒸发或熔化，并会加大气体的释放，最终使 X 射线管损坏。

4）日常定期维护。做好 X 射线机的日常维护工作，对于保证 X 射线机长期处于正常工作状态和延长使用寿命都具有重要意义。

（3）X 射线机训机的目的和注意事项。非连续使用的 X 射线机都必须按说明书要求进行逐步升高电压的训练，这过程称为训机。由于 X 射线管必须在高真空度的情况下才能正常工作，X 射线机训机的目的就是确保 X 射线管的高真空度。X 射线管的真空度可以用高频火花真空测试仪检查，也可通过冷高压试验确定其能否使用。对新出厂的或长期不使用的 X 射线机，应经严格训机后才能使用。训机一般按设备说明书要求进行。X 射线机训机时的升压速度与 X 射线机的机型和停用时间有关。

（4）X 射线光曲线的构成与作用。

1）X 射线光曲线及其作用。

X 射线光曲线是表示工件（如材质、厚度等）与工艺规范（如管电压、管电流、曝光时间、焦距、胶片、增感方式、暗室处理条件等）之间相关性的曲线图示。在实际射线检测工作中，通常根据工件的材质和厚度通过查曝光曲线来确定射线能量、曝光量以及焦距等工艺参数。

曝光曲线通过试验获得，不同 X 射线机的曝光曲线各不相同，不能通用。因为即使管电压、管电流相同，如果不是同一台 X 射线机，其射线能量和照射率是不同的，原因有 3 点：①加在 X 射线管两端的电压波形不同（如半波整流、全波整流、倍压整流以及直流恒压等），会影响管内电子飞向阳极的速度和数量。②X 射线管本身的结构、材质不同，会影响射线从窗口射出时的固有吸收。③管电压和管电流的测定有误差。

此外，即使是同一台 X 射线机，随着使用时间的增加，管子的灯丝和靶也可能老化，从而引起射线照射率的变化。

因此，每台 X 射线机都应有曝光曲线，作为日常透照控制线质和照射率，即控制能量和曝光量的依据，在实际使用中还要根据具体情况做适当修正。

2）X射线曝光曲线的构成。X射线曝光曲线一般有两种：①曝光量—厚度（E—T）曝光曲线，其横坐标表示工件的厚度，纵坐标用对数刻度表示曝光量，管电压为变化参数；另一种为管电压—厚度（U—T）曝光曲线，其横坐标表示工件的厚度，纵坐标表示管电压，曝光量为变化参数。

10. 训机

以对2505型金属陶瓷管X射线机进行训机为案例。

（1）工作准备。

1）仔细检查X射线机各部件，包括X射线管头、控制箱、电源电缆、高压电缆等是否配套、齐全和完好。

2）将电缆线一端与控制箱连接，另一端与X射线机机头连接；将电源线端插入控制箱电源线插孔，并旋紧固定，另一端插入外接电源插座，保证各连接点接触良好。电源线应接在配有漏电保护器的电源上。

3）检查电源电压是否为220V，当电源电压波动超过额定电源电压的±10%而影响X射线机的正常工作时，应配置稳压电源装置（稳压器）。

4）将接地线一端与控制箱连接，另一端可靠接地。

（2）工作程序。

1）手动训机（适用于一段时间停用或新出厂的X射线机）。

① 接通电源，打开电源开关，控制箱面板上的电源指示灯亮，机头风扇转动，冷却系统开始工作。

② 将灯丝预热2min以上。

③ 调节管电压旋钮，使其指示最低值150kV，调整时间指示器为5min，按下高压接通开关。此时高压指示灯（红灯）亮，表示高压已接通，已有X射线产生。

④ 在高压接通的5min内以极其缓慢的速度旋转电压调整旋钮，使旋钮指示在160kV，也就是使升压速度为2kV/min。

⑤ 5min后，蜂鸣器响起，红灯熄灭，即高压切断。让X射线机体息

5min 后，保持时间指示器不变，然后按下高压接通开关，继续以 2kV/min 的速度调整电压旋钮，调到 170kV。

⑥ 时间到，再休息 5min，重复以上操作，直到管电压升到额定管电压 50kV 为止，整个训机过程结束。

⑦ 在仪器设备的使用记录中进行记录。

2）自动训机（适用于装有延时线路、自动训机线路的 X 射线机）。

① 接通电源，打开电源开关，控制箱面板上的电源指示灯亮，机头风扇动，冷却系统开始工作；设备指示"准备工作"。

② 在工作状态下，按下"训机"键，设备自动从最低电压 150kV 开始训机。X 射线机本身的预置时间为 5min，并自动设置 1：1 休息程序。训机开始后，控制面板显示倒计时，同时电压从 150kV 逐渐升高。当计时器显示为 0 时，训机中断，开始休息。电压显示此时升高到的电压值。

③ 机器休息 5min 后，语音提示"继续训机"。电压开始继续升高，计时器从 5min 开始倒计时。

④ 以上过程中"训机—休息—训机"循环进行，直到电压升高到最高负载电压 250kV 为止，语音提示"训机结束"。

11. 射线检测

（1）仪器准备。根据 X 射线机、选定的胶片、增感屏及暗室处理工艺而制定的曝光曲线校核工艺卡中的曝光参数。

（2）按 X 射线机的操作规程训机。

（3）材料准备。根据检测工艺卡选用 X 光胶片、增感屏、暗袋、合格的像质计，配备各种特别的铅字、箭头、中心标记、搭接标记等，准备贴片磁钢以及防散射铅板。

（4）工具准备。准备中心指示器、专用支架、钢直尺或卷尺、石笔、记号笔或涂料以及原始记录本。

（5）工件准备。用白布擦净支柱瓷绝缘子瓷群与法兰胶装处。

（6）防护用品准备。检测场所配备辐射剂量计、电离辐射警示标志、安全绳和警告标志牌，必要时配备警示灯。

（7）检测程序。

1）画线。在支柱瓷绝缘子子瓷群与法兰胶装处，用反差较大的涂料或记号笔画好布片位置和片号。

2）连接电缆。关闭外电源，电源插座接地；如电源无接地端，将地线与控制器的接地端相连，并将接地杆的 80％ 插入湿润的土地中；用低压电缆连接控制器和发生器；将电源电缆连接到控制器上。

3）制作标记带。标记带上的识别标记应包括：工件编号（或探伤编号）、部位编号（或片号）、焊工代号及检测日期等。

4）摆放像质计。将 R′10 系列 FeⅡ（6/12）型像质计置于射线源侧被检区长度的 1/4 处，金属丝横跨支柱瓷绝缘子子瓷群与法兰胶装处，并与胶装处方向垂直，细丝置于外侧。

5）拜访定位标记。将标记放在射线源侧表面检测区域的两端，中心标记放在被检区域的中心，水平方向箭头指向部位编号顺序方向，垂直方向箭头指向胶装处边缘。所有标记应摆放整齐，不得互相重叠，且离胶装处边缘至少 5mm 以上。

6）贴片。贴片的同时将背防护铅板覆于暗袋的背面，用贴片磁钢或绳带等将暗袋和铅板固定好，并确保暗袋与工件表面紧密贴合，尽量不留间隙。

7）对焦。将 X 射线机置于专用支架上，使用中心指示器确保 X 射线机主光速指向检测部位；调节支架并测量透照焦距，以满足检测工艺卡的要求。

8）检测人员在室内工作时应管好曝光室铅门，才能进行室内拍片；在室外检测时，须划定监督区和控制区，在各个区域边界悬挂警示标志和警告牌，必要时设专人监护；夜间进行射线检测操作时，再控制区的进口、出口、监督区入口处或其他适当位置处应设置警示灯，放置无关人员误入危险区。

9）曝光。接通外部电源，打开 X 射线机电源按钮，此时电源指示灯亮，预热 2min。调节管电压为 200kV，调节计时器为 5min，按下高压开关对工件进行曝光。曝光时间达到后，计时器回到零位，高压开关自动回到关闭位置，同时高压指示灯熄灭。

10）换片。取下已经曝光的胶片，换上新胶片，重新摆放相关标记，贴片、对焦。

11）重新曝光。X射线机经过适当时间的休息后，进行第二个被检区域的曝光。

12）曝光结束。待测的被检区域透照完后，收集并整理曝光后的胶片送暗室冲洗。

13）记录。记录绝缘子编号、部位编号、底片编号，绘制布片图、透照示意图，并详细记录射线透照条件、操作人员及日期等。

12. 注意事项

（1）X射线机应严格训机。X射线机如具备自动训机功能，一般采用自动训机模式；如X射线机未使用时间超过三周，应进行手动训机。

（2）X射线机在移动、连接电缆或对焦过程中，应轻拿轻放，防止机械振动损坏仪器。

（3）画线时，工件内、外中心位置应该尽可能对焦，最大误差不能超过10mm。

（4）透照区段的划分应同时考虑一次透照长度、搭接长度和胶片规格。如果一次透照长度与搭接长度之和超过胶片的长度，则画线时应以胶片长度为准。

（5）连续透照时，X射线机要求按1∶1设置工作时间和休息时间，确保X射线管充分冷却，防止过热。

（6）透照过程中，射线机发生异常现象时，应停机查明原因，记录下事故情况，检查电压值、熔丝等，如问题大则送交专业人员修理。

（7）若射线防护措施有问题，应停止拍片；发生触电时应立即断电。

（8）连续透照更换胶片时，须严格区分已曝光胶片和未曝光胶片。

13. 胶片的暗室处理与烘干

（1）胶片暗室处理程序和方法。胶片暗室处理是射线照相的重要基本技术环节，射线照相底片的质量不仅与射线透照过程有关，而且与胶片的暗室处理过程有着密切的联系。

胶片暗室处理的基本程序一般包括显影—停显—定影—水洗—干燥。经过以上处理程序，使胶片上潜在的图像成为固定下来的可见图像。

胶片暗室处理方法目前可分为手工处理和自动处理两类。手工处理可分为盆式处理和槽式处理两种方式。由于盆式处理易产生伪缺陷，所以目前多采用槽式处理。洗片槽用不锈钢或塑料制成，其深度应超过底片长度20%以上，使用时应将药液装满槽，并随时用盖子将槽盖好，以减少药液氧化。槽应定期清洗，保持清洁。自动处理采用自动洗片机完成暗室处理过程，需要使用专用显影液和定影液，得到的射线照相底片质量好且稳定。

（2）胶片暗室处理的注意事项。胶片手工暗室处理时须严格控制各个技术环节，这样才能获得满足要求的照相底片，主要注意事项有以下方面：

1）显影温度对胶片质量影响很大，必须严格控制。

2）胶片放入显影液之前，应在清水中预浸一下，使胶片表面润湿，以免在进行显影时，因胶片表面局部附着小气泡或其他原因造成显影液润湿不均，从而导致显影不均匀。

3）显影时正确的搅动方法是：在最初30s内不间断地搅动，以后每隔30s搅动一次。

4）停显阶段应不间断地充分搅动。

5）停显温度最好与显影温度相近，若停显温度过高，可能会产生网纹和皱褶等缺陷。

6）定影总的时间为通透时间的两倍。所谓通透时间是指胶片放进定影液开始到乳剂的乳白色消失为止的时间。

7）水洗时应使用清洁的流水漂洗，水洗不充分的胶片长期保存后会发生变色。

8）水洗水温应适当控制，水温高时水洗效率也高，但药膜高度膨胀易产生划伤和药膜脱落等缺陷。

9）胶片干燥应选择在没有灰尘的地方进行，因为湿胶片极易吸附空气中的尘埃。

10）热风干燥能缩短干燥时间，但如温度过高易产生干燥不均匀的条纹。

11）水洗后的胶片表面附有许多水滴，如不除去会因干燥不均匀而产生水迹，可用湿海绵擦去水滴或浸入脱水剂溶液，使水从胶片表面快速流尽。

（3）显影和定影的影响因素。

1）影响显影的因素。影响显影的因素很多，除了显影液配方外，显影时间、温度、搅动情况和显影液活度对显影都有明显的影响。显影的影响因素如表3-4所示。

表3-4　　　　　　　　　　　影响显影的因素

影响因素	影响内容	一般要求
显影时间	显影时间过长，黑度和反差会增加，但影像颗粒和灰雾度也将增大；而显影时间过短，将导致黑度和反差不足	对于手工处理，大多规定为4～6min
显影温度	温度高时显影速度快，温度低时显影速度慢。温度高时对苯二酚显影能力增强，影像反差增大，同时灰雾度也增大，颗粒变粗，此时药膜松软，容易刻伤或脱落；温度低时对苯二酚显影能力减弱，此时显影主要靠米吐尔作用，因此反差降低	对于手工处理，大多规定显影温度为（20±2）℃
显影操作	在显影过程中进行搅动，不仅使显影速度加快，而且保证了显影作用均匀，同时也能提高底片反差	胶片在显影液中应不断进行搅动，尤其是胶片进入显影液的最初1min的频繁搅动特别重要
显影液活度	显影液的活度取决于显影剂的种类和浓度以及显影液的pH值。若使用老化的显影液，显影速度变慢，反差减小，灰雾度增大	在活度降低的显影液中加入补充液，每次添加的补充液最好不超过槽中显影液总体积的2%，当加入的补充液达到原显影液体积的两倍时，药液必须废弃

2）影响定影的因素。影响定影的因素主要有定影时间、定影温度、定影液活度以及定影时的搅动，如表3-5所示。

表3-5　　　　　　　　　　　影响定影的因素

影响因素	影响内容	一般要求
显影时间	影响胶片乳剂层中未显影的卤化银被定影剂的溶解程度以及被溶解的银盐从乳剂中渗出进入定影液	射线照片底片在标准条件下，采用硫代硫酸钠配方的定影液，所需的定影时间一般不超过15min

影响因素	影响内容	一般要求
显影温度	定影温度影响到定影速度，随着温度的升高，定影速度将加快；但如果温度过高胶片乳剂膜过度膨胀，容易造成划伤或药膜脱落	一般规定为 16～24℃
显影操作	搅动可以提高定影速度，并使定影均匀	在定影过程中，应适当搅动，一般每2min搅动一次
显影液活度	老化的定影液使得定影速度越来越慢，所需时间越来越长，同时会分解出硫化银，使底片变黄	对使用的定影液，当其需要的定影时间已长到新液所需时间的两倍时，即认为已失效，需更换新液

14. 胶片的手工处理

（1）工作准备。

1）准备经测试合格的暗红色或暗橙色安全灯，调整好计时器。

2）准备经检定合格的量程为 0～40℃范围的酒精玻璃温度计和长度合适的搅拌棒。

3）准备长、宽、深均满足洗片要求的不锈钢或塑料槽。

4）准备量和活度均满足洗片要求的显影液、停显液和定影液，并按次序排列布置好。

5）测量显影液、定影液温度：将显影温度控制在（20±2）℃，定影温度控制在 16～24℃。

6）准备足够数量的洗片夹，片夹的规格尺寸须与待洗胶片相匹配。

7）悬挂固定好晾片绳，在绳上挂上足够数量的干净、无锈蚀的回形针或塑料夹。

8）胶片如采用烘箱干燥，则准备满足使用要求的烘片箱。

（2）工作程序。显影、停显和定影等手工操作均在暗室条件下进行，开始前操作人员须关紧门窗，门从里反锁，打开安全灯，关掉常规照明；经过一定时间的暗适应后，操作人员检查门窗缝隙是否漏光，确认不漏光后方可进行胶片相应的暗室处理。手工水洗和干燥操作可在常规照明条件下进行。

（3）显影。

1）取胶片。将曝光后的胶片从暗袋中取出，并插入洗片夹中。注意动作要轻，防止将胶片划伤；同时避免将增感屏当作胶片冲洗。

2）浸润胶片。将胶片浸在清水中润湿胶片表面，浸润时间为 1～2s。

3）用搅拌棒搅动显影液，让显影槽中上、下层的显影液浓度均匀、一致。

4）将经过充分润湿的胶片放入显影槽中，显影的最初 30s 内要在水平和垂直方向不停地搅动，以后每隔 30s 搅动一次，同时不断翻动胶片。

5）控制显影时间。显影过程中要不时地观察计时器，对于手工处理，应参照制造厂家推荐的显影时间和温度关系表，一般控制显影时间为 4～6min。

（4）停显。将显影后的胶片放入停显液中，并不间断地摆动，控制停显时间为 10～20s。

（5）定影。

1）定影。将停显后的胶片放入定影液中，胶片在定影液中不得互相接触。

2）搅拌。定影时要不断搅动定影液，并经常翻动胶片；一般在最初 1min 内要不停地做上下方向的搅拌，以后每 1～2min 搅动一次，搅拌要充分，尽量使每张胶片都能补充到定影液。

3）控制定影时间。定影过程中要不时地观察计时器，一般控制定影时间在 5～15min 之间。

（6）水洗。将定影后的胶片放入流动的清水中，并控制温度为 16～24℃，水洗时间不少于 20min。如果无法采用流动水，则需要频繁换水并增加水洗时间。如胶片数量多，应分批次冲洗，以免互相污染。

（7）干燥。

1）润湿胶片。将水洗后的胶片浸到润湿液中，浸润约 1min；然后使水从胶片上均匀流下，使胶片干燥得快速、均匀。

2）悬挂胶片。将胶片逐张悬挂到晾片绳上或烘干箱的悬片钢丝上，并控制胶片之间的距离，不得过于紧密，以防止在风的吹动下粘贴在一起。

3）收片、装片。将干燥后的底片收集起来，相互之间用隔片纸隔开，理清顺序，装入底片袋中。

第五节 声振检测操作内容

一、检测内容

支柱瓷绝缘子的基本检测方法是按照评估支柱绝缘子的机械强度状况准则，对支柱瓷绝缘子施加一定的激励脉冲信号，使支柱瓷绝缘子受到激发产生振动，采集并记录工件的振动特征，并通过频谱分析得到其振动频谱，据此可以判断支柱瓷绝缘子是否开裂破损，其基本的检测示意图，如图 3-18 所示。

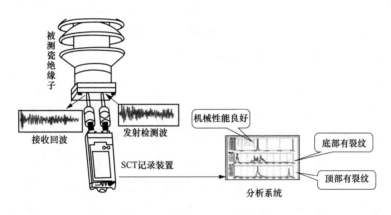

图 3-18 声学振动检测示意图

二、检测设备

声学振动检测仪是专门针对支柱瓷绝缘子进行裂纹检测的专用测试仪器，通过检测支柱瓷绝缘子的振动频率，判断绝缘子是否存在损伤。仪器主要由探伤仪、分析软件、延长绝缘杆等组成，其中探伤仪起激励和采集振动信号的作用，由发射探针、接收探针、记录存储单元等部分组成；分析软件将采集到的数据信号通过信号处理转换成功率谱密度曲线，便于分析判断；延长绝缘杆能实现带电状态下的检测。

145

三、具体检测

1. 仪器准备

正确将绝缘杆与仪器相连接，接通电源，手持绝缘杆，将仪器触头与绝缘子法兰相接触，对绝缘子施加一定的力，使其产生激发信号，并保持1～6s，待听到提示音后，方可停止激发，信号采集完毕，将采集到的信号导入电脑中的分析软件，并转换成反应频谱图。对转换后的频谱图进行判读，判定绝缘子合格与否。

在对支柱瓷绝缘子进行振动检测过程中，要严格符合相关带电作业规定，配备绝缘杆、绝缘手套等，严禁在雷雨天进行作业；此外，检测时应保证激发触头与绝缘子进行良好的接触，并且尽量保持垂直，从而实现对绝缘子有效激发；信号采集时要尽量对绝缘子的不同部位进行采集，并注意做好记录，发现有疑问时应及时进行复查。

2. 缺陷判定准则

对于任何系统来讲，其振动都出现在阻抗最小的路径上，尤其是在某些谐振频率上出现的那些自由振动（严格地讲是接近谐振频率的，因为在谐振频率上的机械振动是极其不稳定的）。由具有宽频带脉冲声波激发绝缘子的自由振动，能够产生在驻波频率上的振动载荷。驻波是在分布系统里出现的振动（例如在弹性介质中）由幅度相等而传播方向相反的两个行波干涉造成的（驻波不同于行波不携带能量）。绝缘子里的驻波频率由其长度和制作绝缘子材质中的声速所决定。用在电压 110～500kV 的瓷绝缘子，其驻波频率在 4000～4500Hz。

当上部或下部法兰区域存在缺陷（裂纹），假设裂纹使其刚度降低50%，裂纹前后质量分布为 1/10 的情况下，通过对底部法兰施加一定的载荷激发使绝缘子振动，比较有缺陷和没有缺陷绝缘子的动态特性。为此，计算有缺陷和没有缺陷绝缘子频率比，得出的结果表明，裂纹出现在底部法兰导致出现带有明显振幅的低于基础频率（频率≈4500Hz）45% 的附加频率。也就是说，伴随基础频率出现了完全低于基础频率的附加频率

（1000～2000z）。而在上部法兰出现裂纹时导致出现带有明显振幅的基础频率 2 倍以上的附加频率（8000～10000Hz）。

以上所述能够形成绝缘子工作能力的评价判据。支柱式绝缘子保持机械强度的基本判据是其特征频率在时间上的不变化特性（即振幅—频率特性的不变性），高于和低于绝缘子振动驻波频率分量的存在都表明在上部或下部法兰存在缺陷。

完好的绝缘子不论是哪个国家生产、哪个工厂制造、也不管环境温度怎样，都有在频域 3000～6000Hz（典型值 4500Hz）的振动功率谱密度评定图（实际上绝缘子是由铁法兰、绝缘体及水泥构成的组合体，并非真正的一个整体，因此在实际测量时，往往会有多个波谱的存在，这恰恰反映了加工工艺，在该频域范围内属于正常）。如果测出的频谱图在 2000Hz 以下有明显的波峰即说明下法兰部位存在缺陷，在 8000Hz 以上出现即说明上法兰部位存在缺陷。

3. 检测图形分析

（1）机械状况良好的绝缘子频谱图。完好的支柱瓷绝缘子，在其振动功率谱密度评定图上会出现频域 3000～6000Hz（典型值 4500Hz）的波峰，如图 3-19 所示。

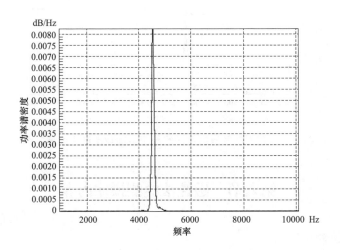

图 3-19　完好绝缘子振动功率谱密度评定图

（2）底部法兰有缺陷的绝缘子频谱图。底法兰有缺陷损伤的绝缘子，在振动功率谱密度图上，除了频域3000～6000Hz的基本（决定性的）峰外，还有低于2000Hz频率区域的峰值，如图3-20所示。

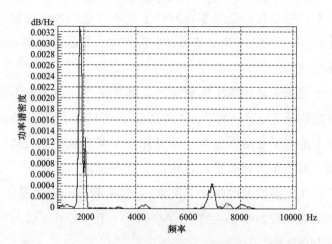

图3-20　底部法兰有裂纹的绝缘子振动功率谱密度评定图

（3）顶部法兰有缺陷的绝缘子频谱图。顶部法兰有缺陷的绝缘子，在振动功率谱密度图上，除了频率4500Hz的基本（决定性的）峰外，还有高于9000Hz频率区域的峰值，如图3-21所示。

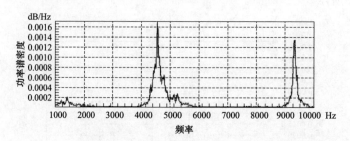

图3-21　顶部法兰有裂纹的绝缘子振动功率谱密度评定图

第六节　磁性法检测操作内容

一、检测内容

磁性法检测主要是对支柱瓷绝缘子铸铁法兰上镀锌层厚度以及支柱绝

缘子紧固件镀锌层厚度进行检测，避免户外环境对铸铁法兰的危害。

二、执行标准

（1）GB/T 4956—2003《磁性基体上非磁性覆盖层　覆盖层厚度测量　磁性法》。

（2）JB/T 8177—1999《绝缘子金属附件热镀锌层　通用技术条件》。

三、检测设备

（1）铁磁性覆层测厚仪：量程：0～1.6mm；精度：1.5μm＋2％读值（两点校准），如图 3-22 所示。

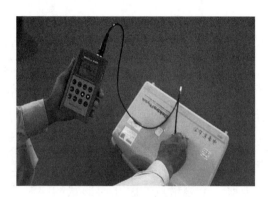

图 3-22　铁磁性覆层测厚仪

（2）磁性铁基试片：无锈蚀，表面平整。

（3）校准标准片：50、100、150、200μm 等。

四、具体检测

1. 准备工作

（1）检查仪器、校准标准片等是否完好、齐全。仪器应选用铁磁性覆层测厚仪。

（2）检查铸铁法兰及紧固件。铸铁法兰表面应连续、完整，并且具有实用性光滑，不应有过酸洗、漏渡、结瘤、毛刺等缺陷。当铸铁法兰存在影响检测的灰尘、油污等时，应擦拭铸铁法兰及紧固件。

（3）连接探头与主机，开机。

（4）仪器校准。

1）仪器零点校准。采用无涂镀层的磁性铁基试片。短暂按"ZERO"键，将探头垂直于铁基试片裸板测量几次，屏幕显示测量的平均值，然后再短暂按"ZERO"键完成对仪器的零点校准。

2）仪器两点校准。将两个厚度不同的校准标准片依次放在铁基试片裸板上，用仪器分别读取其数值，然后用＋、－键调整读值至相应校准标准片的标称厚度值。

3）校准标准片的选用。尽量选用与铸铁法兰镀锌层厚度相近的校准标准片。

2. 镀锌层厚度检测

（1）使用经校准后的覆层测厚仪对铸铁法兰及紧固件进行检测。

（2）测试时，测试点应均匀分布。测试点的位置、数目按下列规定：

1）支柱绝缘子工件测量点应避免位于工件边缘和棱角部位，每个工件应至少取 10 个测量点。

2）紧固件。螺栓工件的测量点应位于螺栓头顶面、棱面及螺杆底面，螺母工件的测量点应位于端面或棱面。检测点应尽量靠近检测面的中心部位。每个工件应至少取 5 个测量点。因几何形状的限制不允许测 5 个点的情况下，可以采用 5 个试件的测厚平均值。

（3）每次测量间隔提离高度应不小于 100mm。

（4）记录被检工件每个测量点的镀锌层厚度值并计算其算数平均值。

（5）结果判定，如表 3-6 所示。

表 3-6　　　　　　　　　镀 锌 层 厚 度 表

制件种类	镀层最小厚度（μm）	附件最大宽度×附件最大高度（cm²）	锌层最小厚度的最大直径（不大于）（mm）
铸钢件和铸铁件	60	≤210	4
		＞210	7
其他钢件	35	≤210	4
		＞210	7

第四章

典型案例

案例一 弱酸腐蚀及机械应力对芯棒玻璃纤维综合作用

1. 事故现场特征

2018 年 3 月 4 日 10：36，220kV 某线 C 相故障跳闸，重合失败，故障时天气良好，故障测距表明故障位置距一侧变电站 6km。经巡线发现该线 34 号塔 C 相棒型悬式复合绝缘子发生断裂。

在事故现场对故障相绝缘子进行外观检查，结果表明：断裂绝缘子断口位于高压侧端部金具内部，断口截面较平整并垂直于轴向，呈阶梯状，仅边缘有少量抽芯，为典型脆性断裂形态，如图 4-1 所示。

图 4-1 故障绝缘子断裂截面图

脆断的发生受机械负荷大小影响不明显，多为伞裙护套密封不良受潮所致，多发生于场强较为集中的高压端附近，其基本特征为大部分断面光滑平整且垂直于轴向；普通断裂形态与复合绝缘子所承受的机械负荷特别是动态负荷关系密切，主要特征为玻璃纤维断裂点不在芯棒的同一切面，断裂面不平整，同时伴随有大量玻璃纤维与环氧树脂基体分离、分层的现象。

此外，断裂绝缘子裸露芯棒颜色较新，无放电痕迹存在；高压侧端部金具内部可见部分锈蚀，端部密封胶老化开裂，如图 4-2 所示；伞裙可见轻微开裂及表面起泡现象。

密封开裂

图 4-2　高压端密封开裂

对非故障相绝缘子进行外观检查。芯棒未发现电蚀孔；高、低压侧端部密封均有破损情况；低压侧伞裙表面有起泡现象。

2. 性能试验

（1）盐密测试。为检测绝缘子表面积污情况，分别在故障相及非故障相绝缘子的高、中、低压侧各取一处伞裙单元进行等值盐密测试，结果如表 4-1 所示。

表 4-1　　　　　　　　　　　绝缘子等值盐密测试结果

伞裙位置	ESDD(mg/cm²)	伞裙位置	ESDD(mg/cm²)
故障相高压侧	0.032	非故障相高压侧	0.033
故障相中压侧	0.032	非故障相中压侧	0.030
故障相低压侧	0.031	非故障相低压侧	0.026

由结果可知，故障塔上被试绝缘子表面平均盐密分布范围为 $0.026\sim 0.033\mathrm{mg/cm^2}$，远低于污区等级对应盐密限值（杆塔所属污区等级 D2，对应盐密限值为 $0.15\sim 0.25\mathrm{mg/cm^2}$）。

（2）憎水性等级测试。复合绝缘子的伞套由硅橡胶为基体的高分子聚合物制成，良好情况下水在伞盘表面呈水珠状，不易形成放电通路。但随着绝缘子老化，对绝缘子进行憎水性等级测试及判断，采用喷水分级法对故障塔绝缘子高、中、低压侧伞裙单元进行憎水性测试，结果如表 4-2 所示。

153

表 4-2 　　　　　　　　　　　绝缘子憎水性测试结果

测试位置	憎水性等级	测试位置	憎水性等级
故障相高压侧	HC4	非故障相高压侧	HC3
故障相中压侧	HC5	非故障相中压侧	HC4
故障相低压侧	HC5	非故障相低压侧	HC4

由测试结果可知，故障塔上复合绝缘子串的憎水性等级测试结果为HC3～HC5，该批复合绝缘子伞裙的憎水性较差，但憎水性并没有丧失，参照 Q/GDW 515.2—2010《交流架空输电线路用绝缘子使用导则　第 2 部分：复合绝缘子》，HC5 及以下憎水性等级的复合绝缘子可以继续运行。

（3）工频耐压及红外测温。为检测绝缘子芯棒内部是否存在受潮等缺陷，依据 DL/T 664—2016《带电设备红外诊断应用规范》，对故障塔非故障相绝缘子进行工频耐压及红外测温。施加电压为最高运行相电压，持续 30min，期间红外测温图谱如图 4-3 所示。

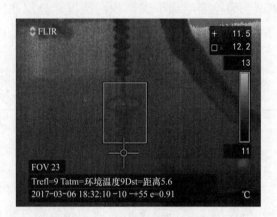

图 4-3　绝缘子红外热像图

红外测温结果为未发现局部发热点，绝缘子各部位温差最大为 0.9K，未超过标准限制。

（4）机械性能试验。对故障塔非故障相绝缘子进行整支机械破坏负荷试验，结果表明绝缘子机械破坏负荷均大于产品运行负荷限值，满足机械性能要求，如表 4-3 所示。

表 4-3　　　　　　　　　　　　绝缘子机械性能试验结果

被试绝缘子	机械破坏负荷（kN）	破坏形式	运行负荷限值（kN）
故障塔 A 相	149.19	球头拉断	120
故障塔 B 相	155.13	球头拉断	120

因此，可判断芯棒承受静态负荷的能力并不是此次断裂事故的原因，更多表现出的是耐应力腐蚀能力差的特征。

3. 解剖及化学成分分析

对断裂绝缘子高压侧端部进行解剖检查，从端部中心切割，并将球头帽悬出，可知该绝缘子端部采用内楔式结构，如图 4-4 所示。剖开时芯棒从一端套筒脱出，观察可知套筒中多处存在变色痕迹，套筒与密封结合部位变色最为严重（该部位也是断口位置），同时楔子尖端附近存在锈蚀变色痕迹。

图 4-4　断裂绝缘子高压端解剖示意图

从套筒与密封结合部位，即变色最为严重区域刮下少许颗粒，对其进行能谱分析以获取颗粒化学成分，变色颗粒中的元素构成如表 4-4 所示。

表 4-4　　　　　　　　　　　　变色颗粒元素成分分析

元素	重量百分比（%）	原子百分比（%）
C	0.70	1.45
O	47.66	74.30
Na	1.15	1.24
Si	1.05	0.93
Fe	49.44	22.08

由表 4-4 可知，原子百分比占比最多的为 O 原子和 Fe 原子，分别达74.30％、22.08％，可见变色颗粒组成元素主要为 Fe、O 元素，判断该变色颗粒为氧化物，则该绝缘子端部内部存在锈蚀。

　　4. 故障原因分析

　　(1) 端部结构缺陷。复合绝缘子承受机械负荷的能力，取决于芯棒、端部金具以及连接区内的结构。故障绝缘子生产于 1999 年，端部连接区内采用内楔式结构，如图 4-5 所示。内楔式是指先在芯棒上锯开一个槽，开槽的芯棒插入金具内孔后，在芯棒槽中压入一片锥形楔子，芯棒在应力下受压缩而产生弹性变形，使芯棒表面和金具内壁产生一定的静摩擦力，从而使复合绝缘子能够承受一定的机械拉伸负荷。

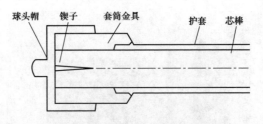

图 4-5　端部楔式结构示意图

　　断裂绝缘子高压端内部芯棒中部有一条规则裂缝，为芯棒打入内楔造成芯棒撑开所产生的裂缝，如图 4-6 所示。楔式结构主要通过被连接部件形变后的过盈配合来实现，工艺控制较为困难。芯棒、楔子、金具三者的尺寸、形状必须配合得很好才能具备良好的机械性能，但楔子打入芯棒的过程难以实现精密控制，且容易损伤芯棒，制造出的绝缘子机械性能分散性较大。历史上采用楔式结构的复合绝缘子发生脆断的事件时有发生，在2001 年前后楔式结构逐渐被工艺更控制容易、对芯棒损伤更小的压接式结构所代替。

　　端部金属附件与芯棒的压接连接界面结构具有优点是压接应力分布均匀，金属附件和芯棒的握紧力强，并且不易损伤芯棒玻璃纤维的完整性，保证了整个产品机械强度的稳定性，能充分发挥芯棒高拉伸强度的优良特性。

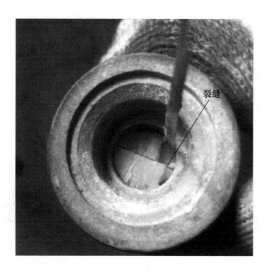

图 4-6 断裂绝缘子端部内楔裂缝

（2）端部密封缺陷。故障绝缘子高压端部密封结构纵向剖面实物如图 4-7 所示。其中，高压端金具套筒与芯棒连接处为密封处 1；高压端球头帽与套筒连接处为密封处 2；球头帽内部密封处 3。

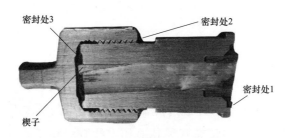

图 4-7 纵向剖面实物图

断裂绝缘子高压端密封处 2 的密封胶裂开，同时在断口处可见金具变色痕迹，经能谱分析表明该处存在锈蚀，可见故障绝缘子存在端部密封失效导致受潮。

楔式结构所需密封环节多，且仅靠硅橡胶密封，未使用密封圈压紧密封，长期运行中一旦硅橡胶老化，密封性能难以保证。而压接式结构一般将球头帽、套筒连为一体，只有密封处 1 采用密封圈压紧，同时外面再覆盖密封胶，即使密封胶开裂，压紧的密封圈也能防止水分进入。

总体来看，故障复合绝缘子端部金具与芯棒采用楔式结构连接，楔子的装入造成芯棒损伤，同时由于高压端密封不良导致芯棒玻璃纤维易受酸液侵蚀，在应力腐蚀作用下机械性能不断降低，最终整支芯棒发生断裂。

5. 结论

（1）故障绝缘子断裂位置位于高压侧端部金具内部，断口截面较平整并垂直于轴向，呈阶梯状，仅边缘有少量抽芯，为典型脆断形态。

（2）故障绝缘子端部结构存在缺陷及密封性能不良的问题，此次脆断事故为弱酸腐蚀及机械应力对芯棒玻璃纤维综合作用的结果。

（3）建议对老旧复合绝缘子开展端部结构型式排查，将楔式结构逐批更换为压接式结构，同时加强端部金具及护套的密封，并采用无硼纤维耐酸芯棒。

案例二 内部黄芯、疏松或裂纹等缺陷

1. 事故现场特征

某供电公司运维人员对某 220kV 变电站进行例行红外测温时，发现 2 号主变压器 35kV 主变压器隔离开关 A 相右侧支柱瓷绝缘子异常发热，红外测温图如图 4-8 所示。经红外测温，该主变压器隔离开关 A 相右侧支柱瓷绝缘子整体温度比该隔离开关其他相支柱瓷绝缘子高 8～10℃。之后，运维人员对该隔离开关进行了连续跟踪红外测温，发现该柱发热异常的支柱瓷瓶温度始终高于其他正常运行支柱瓷绝缘子 8～10℃。考虑到该隔离开关已投运 13 年，机械、传动部件均有老化锈蚀迹象，经停电申请，对该隔离开关进行了整体更换处理。

经查阅运行资料，发生异常发热的支柱瓷绝缘子配套隔离开关型号为 GW4-40.5ⅡDW，于 2005 年 9 月投运服役，其支柱瓷绝缘子为隔离开关厂外购，经询问厂家得知该批次支柱瓷绝缘子相关信息已不全。

图 4-8　红外测温图

2. 加压模拟测温

为确认并观察该支柱瓷绝缘子的异常发热问题，试验人员对该支柱瓷绝缘子进行了加压红外测温试验，加压 95kV，电流 3A，持续 1min，试验布置如图 4-9 所示。

图 4-9　加压测温试验布置

通过模拟加压试验，结果显示该支柱瓷绝缘子温度为 30.2℃，有明显发热迹象，且用手触摸有明显热感。

现有文献表明，瓷绝缘子产生异常发热的原因主要有两个：①绝缘子劣化导致的内部穿透性泄漏电流增大、发热增加；②绝缘子表面污秽引起的表面泄漏电流增大、发热增加。基于加压测温试验结果，可以确认该柱绝缘子确实存在异常发热现象，为了探究导致发热的原因，需要进一步试验验证。

3. 直流泄漏电流试验

为了探究该支柱瓷绝缘子异常发热的原因，首先进行了直流泄漏电流试验。本次试验，选取了该柱异常发热故障支柱瓷绝缘子及 1 柱测温正常的支柱瓷绝缘子，在外表面屏蔽的状态下进行了直流泄漏电流试验，测定 5～40kV 直流电压（每隔 5kV 加压，其曲线如图 4-10 所示）加压状态下泄漏电流值，结果如表 4-5 所示。

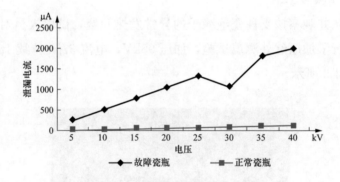

图 4-10   直流泄漏电流曲线图

表 4-5   直流泄漏电流测试值

实验结果	直流电压（kV）							
	5	10	15	20	25	30	35	40
异常瓷瓶泄漏电流（μA）	267	541	809	1070	1330	1071	1812	＞2000
正常瓷瓶泄漏电流（μA）	6	13	24	37	53	72	92	119

直流泄漏电流试验结果显示该故障瓷绝缘子泄漏电流值明显超出正常瓷绝缘子电流值，且在外表面屏蔽的前提下泄漏电流超过标准要求；同时，经外观检查发现，该故障支柱瓷绝缘子表面清洁，无污秽堆积，在排除了表面污秽影响前提下，直流泄漏电流试验仍明显超出标准要求，说明引起该故障瓷绝缘子异常发热的原因是瓷体内部受潮或水分侵入、内部疏松、

裂纹等缺陷。

4. 绝缘电阻测试

为了判断该柱瓷绝缘子异常发热的原因是否由瓷体内部受潮或水分侵入、内部疏松、裂纹等缺陷引起，并对其进行排除，进行了绝缘电阻测试。本次试验，仍选取该柱瓷绝缘子和1柱正常的支柱瓷绝缘子，采用绝缘电阻表分别进行了1min时绝缘电阻测试，结果如表4-6所示。

表4-6　　　　　　　　　　　　绝缘电阻测试值

测试对象	绝缘电阻（MΩ）
故障支柱瓷绝缘子	19
正常支柱瓷绝缘子	1700

绝缘电阻试验结果表明，该柱异常发热的瓷绝缘子绝缘电阻值极低，说明该故障支柱瓷绝缘子本体材质、结构发生了变化，存在贯通的集中性缺陷、整体性受潮及贯通性受潮等迹象。

5. 超声波检测

为了验证该柱瓷绝缘子本体材质、结构是否发生了变化，瓷件内部是否存在本体材质、结构发生了变化，进行了超声波小角度纵波探伤试验。

本次试验选用专用瓷绝缘子超声波探伤仪，探头选用 $8°$、5M、2.5Hz小角度纵波斜探头，在接近被检试件声速的瓷试块或该批次正常支柱瓷绝缘子上，调节探伤灵敏度，使底波回波达到满屏高度的 80%，进而对故障瓷绝缘子进行超声波小角度纵波探伤试验。因该故障支柱瓷绝缘子上侧法兰部位探伤间距过小，无法放入探头进行超声波检测，故只对其下侧法兰部位进行了超声波检测如图4-11所示，在超声检测中，发现下侧法兰处存在一超标缺陷信号显示：只有缺陷波，没有底波。根据 Q/GDW 407—2010《高压支柱瓷绝缘子现场检测导则》中 3.2.3.2，采用纵波斜探头探伤方法进行检测，出现下列情况之一者，应予判废：只有缺陷波出现而无底波出现时，应予判废。因此，从超声波检测标准来说，该故障瓷绝缘子不符合标准要求。

该缺陷以瓷绝缘子商标为标识起点0点，2～6点位置，深度约为46mm，且探头沿瓷绝缘子整圈移动时，都有反射信号显示，说明该缺陷是体积型缺陷，从瓷绝缘子瓷件特性来说，只有当瓷绝缘子内部有疏松或黄芯才会产生体积型缺陷显示。

图 4-11　超声波检测示意图

超声波小角度纵波检测主要是为了检测支柱瓷绝缘子内部缺陷，由于超声波能在水中传播，根据超声波传播的特性，瓷件内部受潮或水分侵入对超声波的反射和透射影响不大，只有当超声波在瓷体内部传播过程中遇到瓷体内部疏松、裂纹等缺陷时，才会出现只有缺陷波而没有底波的信号显示特征，由此可以排除该故障瓷绝缘子异常发热是受瓷体内部受潮和水分侵入的影响。

超声波检测结果说明，该故障瓷绝缘子异常发热的主要原因极可能是内部存在体积型缺陷，如疏松或黄芯。为进一步探究原因，进行了解剖检查和空隙性试验。

6. 解剖检查

对该异常发热支柱瓷绝缘子分别在上法兰部位、中间伞群部位和下法兰部位分上、中、下三个部位进行了解剖检查，结果如表 4-7 所示。

表 4-7　　　　　　　　宏 观 检 查 结 果

解剖部位	宏观检查结果
上法兰	无殊
中间伞群	无殊
下法兰	1.8cm 黄芯

　　解剖之后，经宏观检查，发现该故障瓷绝缘子上法兰部位和中间伞群部位外观无殊，但在下法兰部位发现存在一处长、宽约 1.8cm 的黄芯缺陷如图 4-12 所示。

图 4-12　检查结果

（a）故障瓷绝缘子上法兰解剖图；（b）故障瓷绝缘子中间伞群部位解剖图；

（c）故障瓷绝缘子下法兰解剖图

　　解剖后宏观检查结果表明该故障瓷绝缘子下侧法兰部位存在黄芯现象，说明该支柱瓷绝缘子瓷件在烧制过程中，由于温度和时间控制不当，坯体中的 Fe_2O_3 未被充分还原，或还原后又重新被氧化。

　　为探究该绝缘子是否还存在疏松类缺陷，对其作了空隙性试验。

　　7. 空隙性（吸红）试验

　　对该异常发热瓷绝缘子，取解剖后剩余最厚部分试块，并将含有最厚部分的中心部分的碎片放入 500g 工业用乙醇加入 5g 品红配制而成溶液中，施加压力 20MPa，持续时间 9h，在试验完成后，取出试块，清洗后干燥，然后击碎，发现该异常发热瓷绝缘子新断面有渗透现象如图 4-13 所示。

图 4-13　空隙性试验后新断面

根据 GB/T 775.1—2006《绝缘子试验方法　第 1 部分：一般试验方法》4.1 外观检查：外观检查以目力观察方法进行，必要时使用量具，如绝缘件表面有细小气泡或颜色不均而不能判断绝缘体是否良好时，应选出具有上述缺陷的代表性产品进行剖面检查或作孔隙性试验，如剖面检查发现瓷质不致密（有大量气孔）或有渗透现象时，则具有这种缺陷的产品为不符合标准。试验结果表明该异常发热瓷绝缘子空隙性试验不合格如表 4-8所示。

表 4-8　　　　　　　　　　吸 红 试 验 结 果

溶液	压力（MPa）	时间（h）	结果
1%品红酒精	20	9	不合格

根据空隙性试验结果，该异常发热瓷绝缘子新断面有渗透现象，可以判定该瓷绝缘子内部存在疏松或裂纹等缺陷。

8. 结论

针对某供电公司一起 35kV 高压支柱瓷绝缘子运行中异常发热事故，对故障瓷绝缘子进行了加压模拟测温、直流泄漏电流检测、绝缘电阻测试、超声波检测试验及解剖检查和空隙性吸红试验，综合各项试验结果分析得出，产生异常发热的原因是该瓷绝缘子内部存在黄芯、疏松或裂纹等缺陷。

9. 预防措施

运行经验表明，运行高压支柱瓷绝缘子因内部故障引起异常发热，在电压作用下易发生炸裂事故，对电网安全运行构成严重威胁。因此，建议在基建和运行中注意以下 4 点：

（1）技术检测关口前移，在基建阶段对高压支柱瓷绝缘子超声波检测形成全覆盖。

（2）加大对运行变电站支柱瓷绝缘子红外测温频率，做好瓷绝缘子温升变化记录，如发现异常发热应及时上报。

（3）按照最新发布的《浙江电力系统污秽区分布图》，对不满足污秽等级爬距要求的支柱瓷绝缘子应及时更换或做相应措施。

（4）在检修过程中应加强对高压支柱瓷绝缘子的外表面污秽清理工作。

案例三 上、下法兰与瓷质部分连接位置出现瓷瓶裂纹

1. 案例简介

某供电公司小营变电站 110kV 5 号母线 5-9 隔离开关，型号为 GW5-110 Ⅱ D2W，出厂日期为 2004 年 10 月，投运日期为 2005 年 3 月 19 日。2013 年 8 月 7 日对该站隔离开关进行支柱绝缘子声学振动探伤测试时发现 110kV 5 号母线 5-9 隔离开关 A 相支柱绝缘子测试图谱异常。9 月 24 日，某电科院对该支柱绝缘子进行了复测，复测结果显示该绝缘子存在同样问题。

为确保设备安全运行，2013 年 11 月 18 日对存在问题的隔离开关支柱绝缘子进行了更换处理。经检查，绝缘子上、下法兰与瓷质部分连接位置出现瓷瓶裂纹，拆下的瓷绝缘子照片如图 4-14 所示。

2. 检测分析方法

2013 年 8 月 7 日，对小营站 110kV 5-9 隔离开关测试结果图谱如图 4-15～图 4-20 所示（GW5 型隔离开关每相有两只瓷绝缘子，需对每只绝缘子各测一次）。

图 4-14　拆下的瓷绝缘子照片

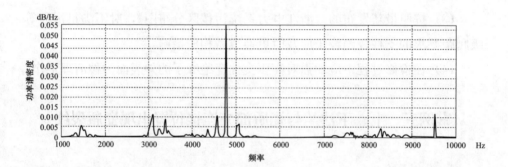

图 4-15　A 相瓷绝缘子图谱 1

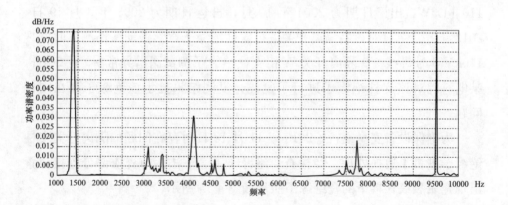

图 4-16　A 相瓷绝缘子图谱 2

以上所列图谱显示图 4-16～图 4-20 的绝缘子测试图谱在 2.5～6kHz 之间出现波峰，未出现 1000～2000Hz 或 9000～10000Hz 谐振频率，属于正

常波形，为性能良好的绝缘子。图 4-16 显示的 A 相瓷绝缘子图谱中出现了
1000～2000 及 9000～10000Hz 谐振频率，表明图 4-16 中 A 相瓷绝缘子的
上、下法兰区域存在缺陷。

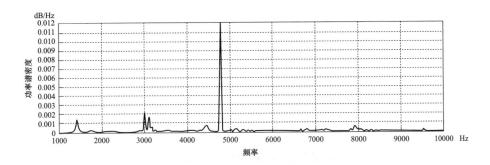

图 4-17 B 相瓷绝缘子图谱 1

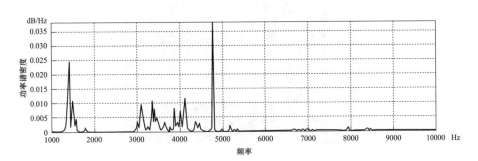

图 4-18 B 相瓷绝缘子图谱 2

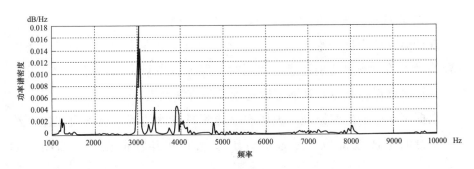

图 4-19 C 相瓷绝缘子图谱 1

3. 检测相关信息

检测用仪器：SCT-I，生产厂家：某系统工程有限公司。

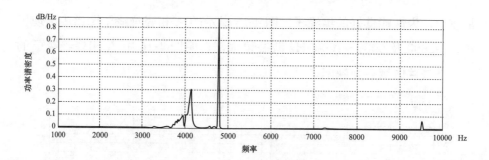

图 4-20　C 相瓷绝缘子图谱 2

测试温度：25℃；相对湿度 32％。现场检测照片如图 4-21 所示。

图 4-21　现场检测照片

4. 安装结构对支柱瓷绝缘子声学振动检测的影响案例

现场运行的支柱瓷绝缘子往往通过架构再安装在支架上，对于这类支柱瓷绝缘子的检测要特别注意。检测时应保证激发触头与绝缘子的良好接触，并且尽量保持垂直，从而实现对绝缘子有效激发。

根据声学振动检测原理，现场实际检测时仪器的探针应该直接顶在绝缘子本身的下法兰部位，尽量垂直于接触面使其纵向振动。如图 4-22 所示。

此外，由于绝缘子现场安装情况不尽相同，很多绝缘子的是通过架构再安装在支架上的，如图 4-23 所示。这种情况下，绝缘子的下法兰不能直接作为检测部位，只能将探针顶在架构板上对绝缘子进行检测。

图 4-22　探针与绝缘子下法兰接触示意图

图 4-23　通过架构板进行的传输检测示意图

在这种情况下的检测，如果架构和绝缘子本身的连接是非常牢固的，可以将这两部分作为一个整体，其检测结果不受影响。但如果连接不是很牢靠，类似于在连接处存在裂纹的情况，其图谱特征规律与绝缘子下法兰处存在裂纹的图谱类似，如图 4-24 所示，这种情况很容易认为绝缘子本身存在裂纹进行误判。

因此对于通过架构对绝缘子进行检测的测试结果，只能作为参考，如发现有异常时，应综合考虑，可以采用排除法或其他方法进行进一步确认。

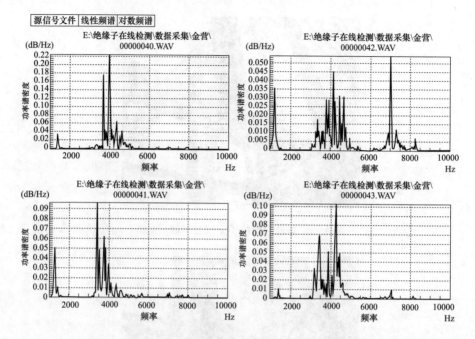

图 4-24　通过对架构进行传输检测得出的功率谱密度评定图

案例四　端面平行度不符合要求

1. 事故现场特征

2017 年某月，在某 220kV 某基建工程金属技术监督检测工作中，发现由某高压开关厂生产的 35kV 电抗器支柱瓷绝缘子存在较大幅度弯曲现象，见图 4-25。瓷绝缘子的几何尺寸及精度的高低直接关系到瓷绝缘子能否正常运行，尺寸、精度不符合要求的支柱瓷绝缘子在运行中甚至会发生断裂，造成严重的事故和经济损失。绝缘子几何尺寸及精度符合标准要求时载荷能实现柔性传播，反之，不符合标准要求时载荷容易集中于瓷绝缘子薄弱处，即瓷绝缘子法兰连接处（俗称颈部）部位，形成应力集中，导致瓷绝缘子失效或使用寿命缩短。

2. 偏差机理及检测现状分析

（1）瓷绝缘子端面平行度、孔中心圆轴线间最大偏移偏差产生机理。

图 4-25 某 220kV 基建工程电抗器支柱弯曲示意图

高压支柱瓷绝缘子主要由瓷柱、法兰和胶合剂组成，在烧制过程中，由于工艺控制不当，瓷件内水分未能及时析出，瓷柱容易产生弯曲现象，导致上、下法兰中心孔圆轴线间产生不同心问题，即孔中心圆轴线间最大偏移偏差；在浇筑过程中，瓷柱与法兰浇筑位置如产生偏移，则瓷绝缘子上下端面容易产生不平行问题，或者是由于瓷柱本身弯曲造成的上下端面产生的不平行问题，即端面平行度偏差。

（2）行业检测现状。在制造阶段，目前行业里普遍通过测量高压支柱瓷绝缘子上装配的圆板来辅助测量瓷绝缘子的端面平行度和孔中心圆轴线间最大偏移（也称同心度），这种方法仅通过圆锥形螺钉将圆板固定在绝缘子安装孔上，不能有效保证圆板与瓷绝缘子孔中心圆轴线同心，存在检测精度不高的问题。在检测设备上，行业里对于上述两项尺寸检测主要以目测和手工测量为主，利用游标卡尺、千分表、划线针等工具在旋转平台中心或划线平台上进行检测，存在测量数据重复性较差、检测场所固定、机动性差等问题，而且不能在安装现场对支柱瓷绝缘子进行多项尺寸检测。

3. 对策研究

在基建阶段，目前高压支柱瓷绝缘子端面平行度、孔中心圆轴线间最大偏移偏差现场检测设备开发尚属空白。比如在上述某 220kV 某基建工程金属技术监督检测工作中，发现由某高压开关厂生产的 35kV 电抗器支柱瓷绝缘子存在较大幅度弯曲现象，明知其不符合标准要求，也不适合电网设备的安全运行条件，但当提出更换处理意见时，供应商要求出具试验报告，因现场缺乏相应的检测设备和技术手段，经多方协商后才将该批次不合格产品做出更换处理。

因此，针对该问题，根据瓷绝缘子端面平行度、孔中心圆轴线间最大偏移偏差产生原理，提出了运用一种新型的便携式高压支柱瓷绝缘子端面平行度与同心度检测装置及其检测方法进行检测，从而保证了支柱瓷绝缘子端面平行度和孔中心圆轴线间最大偏移检测的准确性，使检测精度大幅度提高，填补了瓷绝缘子端面平行度、孔中心圆轴线间最大偏移现场检测的空白。

4. 检测方法研究

（1）装置研究。为解决电网基建现场高压支柱瓷绝缘子端面平行度、孔中心圆轴线间最大偏移检测空白问题，本案例的便携式高压支柱瓷绝缘子端面平行度与同心度检测装置及其检测方法，能极大提高现场检测效率和准确性，检测装置整体结构示意图如图 4-26 所示。检测装置主要由机架部分、驱动传动部分和测试部分组成，其设计原理是以下圆板上表面作为基准，以上圆板上表面的端面平行度作为高压支柱瓷绝缘子试件的上下端面平行度；以上圆板轴线相对于下圆板的轴线偏移作为瓷绝缘子试件的孔中心圆轴线间最大偏移量。上、下圆板的使用保证了瓷绝缘子试件端面平行度和孔中心圆轴线间最大偏移检测的准确性，使得检测精度大幅度提高。

（2）工作原理。该装置操作显示屏作为上位机，利用网线与可编程控制器连接，通过操作显示屏给可编程控制器发送命令控制伺服驱动器，从而控制伺服电机的转动，伺服电机转动带动待检测的高压支柱瓷绝缘子试件转动；在瓷绝缘子试件转动的过程中，激光传感器采集距离数据并通过信号线将数据传送给可编程控制器；距离数据经可编程控制器记录并处理后实时显示在操作显示屏上，便于监视距离数据的变化，并依据相关检测标准对瓷绝缘子试件尺寸是否合格进行判断，工作原理示意图如图 4-27 所示。

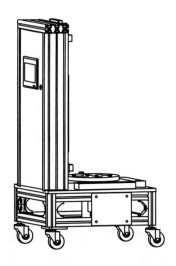

图 4-26　高压支柱瓷绝缘子端面平行度和同心度
检测装置的整体结构示意图

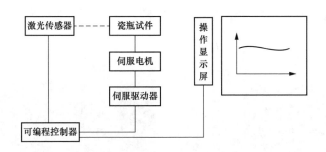

图 4-27　工作原理示意图

（3）测试方法。

1）将检测装置安放在水平场所，激光传感器安装在下传感器基座上，以检测下圆板上表面的端面平行度，如不合格则需重新安装或更换新的下圆板，以保证检测基准精度；完毕后，将激光传感器换装至上传感器基座上。

173

2）将待测试的高压支柱瓷绝缘子试件底部四个通孔与下圆板上的呈正交十字形的下腰形槽孔通过螺栓和螺母连接固定，高压支柱瓷绝缘子试件顶部的通孔与上圆板上的呈正交十字形的上腰形槽孔之间通过螺丝连接固定。

3）调整激光传感器的位置，使其和上圆板上表面的距离在激光传感器的测量范围内，驱动伺服电机带动下圆板、高压支柱瓷绝缘子试件和上圆板一起转动，之后利用激光传感器进行测量。

4）再将激光传感器换装至中传感器基座上，并调整激光传感器的位置，使其和上圆板的圆柱面的距离在激光传感器的测量范围内，驱动伺服电机带动下圆板、高压支柱瓷绝缘子试件和上圆板一起转动，之后利用激光传感器进行测量。

5. 试验分析

（1）测试。本次测试实验，分别选取了1柱标准件和1柱瓷绝缘子试件进行了对比检测，支柱瓷绝缘子标准件和支柱瓷绝缘子试件的高度均为600mm，如图4-28所示。检测项目有：标准件的端面平行度检测、上下孔中心圆轴线间最大偏移检测；试件的端面平行度检测、上下孔中心圆轴线间最大偏移检测。为验证结果的可重复性，分别对其进行了5次检测。

图 4-28　支柱瓷绝缘子标准件和试件对比测试

（2）测试结果。将本次检测中标准件及试件的检测数据结果整理成表格，标准件测试结果如表 4-9 和表 4-10 所示；试件测试结果如表 4-11 和表 4-12 所示。

表 4-9　　　　　　标准件上、下孔中心圆轴线间最大偏移检测结果

次数	最大值（mm）	最大值处角度（°）	最小值（mm）	最小值处角度（°）	偏差（mm）
1	8.05	359	7.93	181	0.12
2	8.05	358	7.96	165	0.09
3	8.05	359	7.93	198	0.12
4	8.05	359	7.93	185	0.12
5	8.05	355	7.93	183	0.12

表 4-10　　　　　　　　标准件端面平行度检测结果

次数	最大值（mm）	最大值处角度（°）	最小值（mm）	最小值处角度（°）	偏差（mm）
1	4.20	86	4.07	193	0.12
2	4.20	79	4.10	155	0.09
3	4.20	83	4.10	155	0.09
4	4.20	50	4.07	200	0.12
5	4.20	88	4.07	206	0.12

表 4-11　　　　　　试件上、下孔中心圆轴线间最大偏移检测结果

次数	最大值（mm）	最大值处角度（°）	最小值（mm）	最小值处角度（°）	偏差（mm）
1	8.92	337	7.71	126	1.20
2	8.92	336	7.71	129	1.20
3	8.92	335	7.71	125	1.20
4	8.92	334	7.71	132	1.20
5	8.95	321	7.71	127	1.23

表 4-12　　　　　　　　试件端面平行度检测结果

次数	最大值（mm）	最大值处角度（°）	最小值（mm）	最小值处角度（°）	偏差（mm）
1	6.85	267	4.44	73	2.41
2	6.85	267	4.44	72	2.41
3	6.85	266	4.47	68	2.38
4	6.85	266	4.44	72	2.41
5	6.85	273	4.47	69	2.38

由表 4-9 可以看出，在标准件的上、下孔中心圆轴线间最大偏移时，5 次试验中激光传感器与上圆盘圆柱面之间距离最大值约为 8.05mm，且该最大值出现在上圆盘上相对于初始位置点 359°夹角附近；而激光传感器与上圆盘圆柱面之间距离最小值约为 7.93mm，且该最小值出现在上圆盘上相对于初始位置点 180°夹角附近的±20°范围内。最终测得该支柱瓷绝缘子标准件的上下孔中心圆轴线间最大偏移偏差的平均值约为 0.12mm。5 次试验结果相近，说明检测结果具有较好的重复性。

由表 4-10 可以看出，在检测支柱瓷绝缘子标准件的端面平行度时，5 次试验中激光传感器与上圆盘圆平面之间距离最大值约为 4.20mm，且该最大值出现在上圆盘上相对于初始位置点 80°附近；而激光传感器与上圆盘圆平面之间距离最小值约为 4.10mm，且该最小值出现在上圆盘上相对于初始位置点 175°夹角附近的±20°范围内。最终测得该支柱瓷绝缘子标准件的端面平行度偏差的平均值约为 0.10mm，5 次试验结果相近，说明检测结果具有较好的重复性。注意上述测量结果中最大值与最小值的差值可能和偏差值并不相等，这是因为检测系统界面中只显示了数据的小数点后两位，而实际数据多于两位，最终的偏差值是依据实际最大值、最小值数据相减后获得的。

由表 4-11 可以看出，在检测支柱瓷绝缘子试件的上下孔中心圆轴线间最大偏移时，5 次试验中激光传感器与上圆盘圆柱面之间距离最大值约为 8.92mm，且该最大值出现在上圆盘上相对于初始位置点 335°夹角附近；而激光传感器与上圆盘圆柱面之间距离最小值约为 7.71mm，且该最小值出现在上圆盘上相对于初始位置点 127°夹角附近。最终测得该支柱瓷绝缘子试件的上下孔中心圆轴线间最大偏移偏差的平均值约为 1.20mm。5 次试验结果相近，说明检测结果具有较好的重复性。

由表 4-12 可以看出，在检测支柱瓷绝缘子试件的端面平行度时，5 次试验中激光传感器与上圆盘圆平面之间距离最大值约为 6.85mm，且该最大值出现在上圆盘上相对于初始位置点 267°附近；而激光传感器与上圆盘圆平面之间距离最小值约为 4.45mm，且该最小值出现在上圆盘上相对于初始位置点 70°夹角附近。最终测得该支柱瓷绝缘子试件的端面平行度偏差的平均值约为 2.40mm，5 次试验结果相近，说明检测结果具有较好的重复性。

（3）结果分析。根据 Q/GDW 407—2010《高压支柱瓷绝缘子现场检测导则》标准要求，本次试验所采用的高度为 600mm 的瓷绝缘子允许的端面平行度偏差为Ⅰ级 0.5mm 以内、Ⅱ级 1mm 以内，允许的上下孔中心圆轴线间最大偏移偏差为 3.2mm。试验支柱瓷绝缘子标准件和试件的检测数据结果如表 4-13 所示。

表 4-13 支柱瓷绝缘子标准件及试件检测数据结果

	端面平行度偏差（mm）	上下孔中心圆轴线间最大偏移偏差（mm）
瓷绝缘子标准件	0.12	0.10
瓷绝缘子试件	1.20	2.40

根据标准可判断，支柱瓷绝缘子标准件由于加工精度较高，其端面平行度和上下孔中心圆轴线间最大偏移偏差相对于允许值都较小，但由于标准件本身存在一定的加工、安装误差，以及上下圆盘表面有划痕、毛刺等原因，所以仍然存在一定的偏差值。而支柱瓷绝缘子试件的端面平行度偏差较大，已经超出了检测标准所规定的Ⅱ级精度，属于检测不合格项目；但试件的上下孔中心圆轴线间最大偏移偏差小于检测标准允许值，属于检测合格项目。因此，该支柱瓷绝缘子试件因端面平行度不符合要求，属于不合格产品。

6. 结论

结果表明，采用上述的新型的便携式高压支柱瓷绝缘子端面平行度与同心度检测装置及其检测方法，能保证支柱瓷绝缘子上、下孔中心圆轴线最大偏移和端面平行度检测的准确性，大幅提高检测精度，有效发现基建现场不符合标准要求的支柱瓷绝缘子。

案例五 瓷套与法兰接合面处应力温差变化引起瓷套开裂

1. 事故现场特征

2016 年 2 月 24 日，对超高压 500kV 某变电站进行带电检测工作时，发现 220kV 副母 II 段电压互感器 C 相下节电容瓷套表面有明显油迹，下节电容单元上法兰下部瓷套表面存在明显裂纹，当天紧急拉停隔离异常电压互感器，2 月 25 日完成异常电压互感器更换。检查发现，瓷瓶多处开裂。

经查阅资料得知该电容器瓷套 2000 年 04 月投运。失效瓷套现场全景图如图 4-29 所示。

图 4-29　失效瓷套现场全景图

2. 试验

（1）宏观分析。现有情况表明，裂纹诞生于瓷套与法兰交界处，共产生 6 条裂纹，其中 3 条是与瓷套轴向成一定角度的主裂纹，如图 4-30 所示。3 条主裂纹中的 2 条汇聚成一条"人字"形纵向裂纹自上向下从内壁到外壁扩展延伸，发生 3 次转折后终止于第 25 个伞裙，如图 4-31 所示。另一条主裂纹在"人字"行裂纹对面，纵向扩展后环向延伸至第 2 个伞裙，如图 4-32 所示。且该故障瓷套表面有明显油迹，下节电容单元上法兰下部瓷套表面存在明显裂纹，上下两端均有法兰连接其他器件，瓷套内部检查发现，内部裂纹走向基本与外壁吻合，直到在第 25 个伞裙位置发生转折后变方向再扩展一段小距离后终止，总体内壁裂纹比外壁裂纹稍长，故判断裂纹应是由内壁向外壁扩展。

图 4-30 "人字"形裂纹

图 4-31 "人字"形裂纹对面的纵向裂纹

（2）超声波检测。用直探头对瓷套进行声速测试，测试结果为 5384m/s，表明该瓷强度低，属于普通瓷，弯曲强度低于 160MPa。用爬波探头在互感器瓷套法兰口瓷柱外表面进行扫查，主要扫查法兰口附近的缺陷。检测结果为未发现超标缺陷信号显示。

延伸段主裂纹

图 4-32 "人字"形裂纹扩展形成的纵向裂纹

（3）瓷套下法兰检查。

内部瓷套和外部法兰的结合非同心圆，水泥浇装厚度不均匀，最薄处为 7.24mm，最厚处为 11.25mm，偏差值达 4.31mm，存在偏心情况结合部分水泥浇注厚度不均，如图 4-33 所示。

图 4-33 下法兰水泥胶装厚度不均匀

下法兰防水涂层完好。对下法兰进行对半切割，发现胶装水泥存在多处密孔，法兰内侧有点状锈蚀痕迹，如图 4-34 和图 4-35 所示。

（4）孔隙性试验。从失效瓷套取样，按照标准 GB/T 775.1—2006《绝缘子试验方法 第 1 部分：一般试验方法》的要求进行孔隙性试验，试验后目测试样无渗透（吸红）现象，符合标准要求。

图 4-34　下法兰内侧锈蚀

图 4-35　胶装水泥密孔

3. 分析和讨论

（1）外力因素。从现有信息看，可以排除瓷套开裂是由外力撞击导致的。从断口形貌看，撞击点只能是"人字"的交叉处。如果撞击点在"人字"的交叉处，所产生的裂纹都应该交汇于此处，不可能产生"人字"形裂纹对面的主裂纹 3。

（2）载荷因素。从断口情况看，也可以排除这个因素。如果瓷套承受过大的导线载荷及风载荷，相当于瓷套承受超过设计的弯矩，这种情况下，一般都是在下法兰附近断开，而且裂纹大多都是环向开裂，与瓷套纵向开裂不符合。

（3）内压力因素。套管内油压与大气压力相当，而且设备电气无故障，不会产生异常的内压力。

（4）瓷套与法兰接合面处胶装部位应力。从现场照片图 4-36 可见，上法兰与瓷套本体结合处的防水涂层已经脱开，雨水有可能渗进法兰里面。另外从下法兰的水泥情况来看，该批次胶装水泥孔洞较多，极易吸收大量水分（如图 4-35 水泥密孔、图 4-34 法兰锈蚀所示）。水泥进水后，将产生化学反应导致体积膨胀，膨胀受到铸铁法兰和瓷套的约束产生应力。这个应力是对瓷套的挤压作用，而且从下法兰的水泥浇装厚度不均匀程度看（如图 4-33 所示），这个挤压力是不均匀的，与内壁往外壁纵向开裂的效果一致。

涂层脱开

图 4-36　防水涂层脱落

（5）温差引起的应力。近期昼夜温差变化大：①由于铸铁法兰、陶瓷的膨胀系数不同，当温度降低时，铸铁法兰收缩得多，瓷套收缩少，铸铁法兰对瓷套产生挤压；②设备运行时内部绝缘温度较高，外部温度处于极低温度时，瓷套将承受内外温差产生的热应力，瓷套外侧收缩，内部膨胀，这应力作用的效果为内壁往外壁纵向开裂。

综上所述，原因是瓷套与法兰接合面处胶装部位应力和温差引起的应力变化引起瓷套开裂的可能性较大。

案例六　坯件高温烧成冷却阶段存在残余的集中应力

1. 事故现场特征

2017 年 7 月 16 日，某 220kV 变电站待用 2ZQI 断路器 B 相发生爆炸，碎片散落在 B 相周围半径 30m 范围内。根据相关资料，编号为 20190919020801 灭弧室瓷套，供货商为某高压开关有限公司，生产厂商为某电力设备有限公司。瓷瓶为高强铝质瓷，生产日期是 2015 年 9 月，发出日期是 2015 年 11 月 9 日。

2. 试验检测

（1）宏观检查。对现场断路器动静触头进行了检查，未发现发热。烧伤。电弧放电现象，这与断路器冷备用状态相符。对现场典型碎片取回进行宏观检查，其形貌如图 4-37 所示。在下端往上第 4 个伞裙处有疑似缺陷黄色斑迹，断面观察存在两个断裂带，并且在内釉面有疑似放射状喷射污秽痕迹。结合下端面断面，内壁高外壁低的形貌，以及爆炸现场碎片分布，下端往上第 4 个伞裙处疑似爆炸的初始发生点。

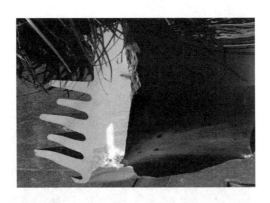

图 4-37　宏观检查

（2）孔隙性试验。根据 GB/T 1001.1—2003《标称电压高于 1000V 的架空线路绝缘子　第 1 部分：交流系统用瓷或玻璃绝缘子元件定义、试验方法和判定准则》试验后试样不应有任何渗透（吸红）现象，检测结果目测试样无渗透（吸红）现象，符合要求。

（3）渗透检测。对典型碎片内壁釉面，断裂面进行着色渗透检测，检测结果如图 4-38 所示。检测未见碎片内壁釉面、断裂面存在微裂纹。

图 4-38　着色渗透检测结果

（4）X 射线衍射分析。将现场取样切割破碎，取无釉面块体球磨制成粉末样品，进行 X 射线粉末衍射，并对衍射数据进行物相分析，见图 4-39。根据物相分析，瓷套的主相为 $\alpha\text{-Al}_2\text{O}_3$（PDF 卡片号 10-0173），次相为 $\text{Al}_6\text{Si}_2\text{O}_{13}$（PDF 卡片号 15-0776）。$\alpha\text{-Al}_2\text{O}_3$、$\text{Al}_6\text{Si}_2\text{O}_{13}$ 即刚玉、莫来石，这与铝质瓷的晶相结构相符。

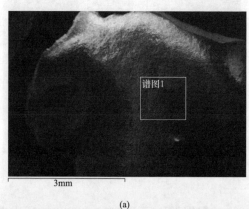

3mm

(a)

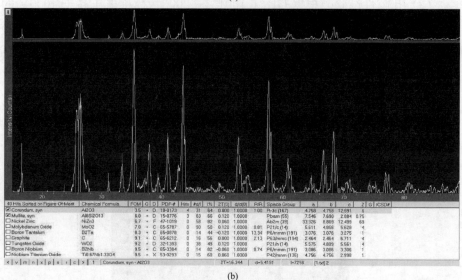

(b)

图 4-39　X 射线衍射图像及数据分析

（a）X 射线衍射图像；（b）X 射线衍射数据分析

（5）能谱分析技术分析。将典型碎片置于扫描电子显微镜，通过能谱分析技术对无釉面进行了成分分析，分析位置及分析结果如图 4-40 及表 4-14 所示。结果显示，在碎片的不同位置重复测试，重要元素铝、硅含量为 17.15％，18.86％，这与铝质瓷中铝元素含量存在一定偏差。

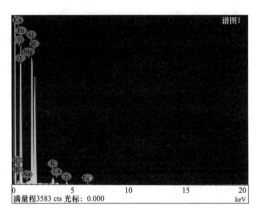

图 4-40　典型碎片无釉面断面能谱分析技术分析位置

表 4-14　　　典型碎片无釉面断面能谱分析技术分析结果（wt%）

元素	C	O	Al	Si	K	Ti	Fe
含量	0.42	59.78	17.15	18.86	1.62	0.68	0.60

3. 综合分析

根据上述已得的试验结果，孔隙性试验表明发生爆炸瓷套致密度符合要求。渗透检测未发现典型碎片内壁裂纹。晶相是决定陶瓷基本性能的主导物相，在形成和生长过程中，由于受到晶体自身结构异向性和环境因素的影响，往往会有规律地发育成特定几何外形。晶相多数由配方决定，但受制造工艺影响很大。X 射线衍射分析表明碎片物相为刚玉和莫来石，这与高铝瓷配方制造的瓷件吻合。能谱分析表明典型碎片成分中 Al、Si 含量与铝质瓷要求存在一定偏差，低于铝质瓷配方要求。铝含量过低会导致瓷件强度不足，这或许是导致爆炸的一个原因。

对于典型碎片的外观检查以及对现场爆炸碎片的分布情况的了解，本次 220kV SF_6 断路器 B 相瓷套爆炸直接原因是瓷套承受不住 SF_6 气体额定压力所致，而爆炸的起始点是瓷套下端往上数第 4 个伞裙部位，说明该处内部存在应力薄弱处。从电瓷微观结构上分析，瓷套应力集中部位在运输、安装过程中可能会产生微裂纹，微裂纹在温度、外力的进一步作用下逐渐延伸，导致瓷套强度不足以承受 0.7MPa 的内压力。

根据瓷套裂纹产生的可能性分析，导致瓷套爆炸的根本原因可能是：爆炸瓷套在坯件经过高温烧成冷却阶段可能会存在残余的集中应力，应力经切割研磨、搬运、装配以及温度变化的作用下会产生微裂纹，这个裂纹在出厂试验前后均有可能产生，出厂例行试验可能无法检测出此裂纹。由于断路器经装配、运输安装及操作产生的机械负荷与振动负荷下，此裂纹拓展延伸，最终在 SF_6 气体内压力和高温作用下（爆炸时间大约为上午 10：00 左右，现场温度 38℃左右）发生爆炸。

B 相瓷套本身存在微裂纹是导致此次爆炸的根本起因。针对本次事故的情况，给出建议如下：

（1）能谱分析为半定量方法，在条件允许的情况下，组织人员对爆炸样品进行化学滴定方法检测成分。

（2）按照 GB/T 23752—2009《额定电压高于 1000V 的电器设备用承压和非承压空心瓷和玻璃绝缘子》中要求，将 A、C 相瓷套拆卸送厂在相关方人员见证下进行冷热循环试验、内压试验、四向弯曲试验、超声波探伤试验等相关试验。

（3）避免瓷套在运输过程中产生碰撞，改进瓷套包装方式，增加对法兰部位的固定要求，运输过程中加装三维冲撞记录仪，监视瓷套在运输过程中的碰撞。

案例七　原材料比例不合理或浇注工艺不完善

1. 情况概述

10 月 14~20 日，在某特高压站年度检修期间金属技术监督中，发现交流滤波器场一、二、三、四大组共计有 40 只电流互感器套管不同部位存在开裂现象，但主要集中在出线端子排附近，具体如图 4-41 和图 4-42 所示。电流互感器由某互感器厂生产，型号为 LZZBJ，查阅相关资料显示，该型号为环氧树脂浇注式结构。该站于 2016 年 7 月投运，投运已 3 年。

(a)   (b)

图 4-41 套管开裂

（a）套管开裂表面；（b）套管开裂位置

2. 分析与讨论

LZZBJ 系列电流互感器是环氧树脂浇注支柱式产品，因其良好的绝缘性能在电力系统得到广泛应用。

相关文献显示，环氧树脂产品在自然状态下有劣化趋势。大量研究表明，环氧树脂和嵌件浇注过程中，不可避免的会产生微小裂纹，该裂纹的产生导致了后续发生物理吸湿和化学吸湿现象。

环氧树脂分子链在自然环境中发生解交联反应，裂解产物包括氧化反应的中间产物、C_3H_6、CO_2、$H+$游离基等。裂纹经历由少到多、由浅到深的发展过程。随着吸湿量的增加，裂纹数目增加，并不断在原有裂纹基础上加深、变宽。裂纹的大量出现，使水分子与环氧亲水基团充分接触，在高温下开始化学吸湿。这样吸湿—化学裂解—加深裂纹—吸湿循环反应导致裂纹逐渐加深，且环氧树脂在自然环境下链运动能力增加，弹性模量下降，抵抗形变的能力随之下降，最终引起系统稳定性下降，加速了材料内部裂纹的生长。

(a)　　　　　　　　　　　　　　　(b)

图 4-42　互感器布置图

(a) 互感器整体布置图；(b) 单只互感器布置图

从宏观检测结果来判断，开裂既存在套管本体［图 4-41 (a)］，也存在套管端子排出线部位，该部位为应力集中区域，如图 4-41 (b) 所示，初步判断其开裂是原材料比例不合理或浇注工艺不完善所致。从图 4-41 (a) 和图 4-41 (b) 观察可以看到，该部位开裂，裂纹方向与拉力方向同向，说明裂纹产生和拉力有着关联，且从图 4-41 (b) 观察可见，导线呈绷紧状态，说明该连接是存在较大的拉力。

在套管本体的开裂应是原材料比例不合理或浇注工艺不完善所致，导致表面氧化分解塌陷。出线端子部位产生的开裂，主因应是浇注工程中，T2 纯铜（端子排）和套管本体（环氧树脂）线膨胀系数差别较大（铜：0.167×10^{-4} m/℃，环氧树脂 56.8×10^{-6} m/℃，环氧树脂具体型号不知，取常用系数），在冷却过程中，受收缩产生微小裂纹，且该部位应力集中，在较大的拉力作用下裂纹快速扩展，裂纹的发展加速了主体材质的劣化，在自然环境影响下，劣化反过来促进了裂纹的增大，最终导致开裂。